超实用！

小庭院的设计与布置

楼嘉斌——编

江苏凤凰美术出版社

推荐序

我喜欢花园，花园将自然万物、季节更迭与美联结在一起。无论是都市中充满绿意的小院儿，还是远郊如油画般的庄园，都可以成为我们放松心灵的休养之所。

每个人对自己心中的花园都有不同的畅想，有的人渴望在花园里撷取自然的恬静与野趣，有的人渴望沐浴清晨和煦的阳光，有的人则渴望享受欢乐的亲朋团聚……

打造既实用舒适又赏心悦目的花园是我们一贯追求的目标。花园不仅要满足业主的功能需要，更是业主品位的体现，是业主精神的归宿。花园是为人所使用的，一座有多种功能的花园可以为生活增加更多的可能与乐趣。

在我看来，一座花园设计的关键无外乎四件事：空间构成、植物布景、功能需求、精神归宿。这本书的作者楼嘉斌是我多年的挚友，她作为资深花园设计师，了解花园设计与施工的方方面面。这本书是她多年花园设计与施工经验的总结，她将细致入微地向您展示如何营造自己的花园空间。本书从场地分析到风格和功能、从空间布局到材料使用等都进行了详细介绍，还列举了优秀花园案例，并对其做出解析，一定会给您更多参考与灵感。

我希望在您营造花园时，这本书能陪伴您一起沉醉于泥土和植物的芳香。请记住，创造一座花园的旨趣并不只在于花园最终呈现出的完美结果，更在于亲身体悟花园创造过程中的每个动人心弦的瞬间。

希望本书能帮您创造出一座与众不同的美丽花园！

李国栋

北京壹禾景观园艺有限公司创始人

2023 年 1 月

前言

在网络发达的今天，收集符合自己喜好的庭院美图并非难事，但如何对这些美图进行增删取舍、整合落地却是一件令人头疼的事情。作为设计师，多年的设计生涯让我接触了许多不同类型的业主，有初入园艺圈的园艺小白、有已经体验过庭院生活并打算二刷的经验派、有对设计特别感兴趣并且已经自学成才的理论派。经过交流，我发现不同类型业主对庭院的理解不同，需求也不同，个人的喜好也不同。例如，园艺小白正处在对种植的狂热阶段，喜欢收集不同品种的植物，喜欢在庭院中营造生活气息，少硬化、多种植区的庭院布局更适合他们。因此，需要多了解多思考，厘清思路才好着手设计。

设计之初需要先了解庭院的场地情况，包括庭院周围和室内外的情况，了解得越详细准确、准备得越充足全面，越能更好地进行综合分析。之后要确定设计风格，是多花浪漫的自然风，还是禅意质朴的日式风，还是简约大气的现代风，抑或是多种风格的混搭。每一种风格都有不同的设计语言，难以互通。此外，功能也是设计之初必须要考虑的重点，它会影响设计的布局和构成，因此需要提前思考透彻。由于设计具有一定的时效性，例如给孩子设置的游乐区，等孩子长大后如何处理？或者是种菜区域将来不想种了该怎么处理？类似的问题要提前进行规划和思考，这样才能使庭院在一定的框架中进行合理的变化调整，在不断的升级迭代中呈现出最好的模样。

这本书的前两章是我多年设计经验的总结，第三章是案例的解析。本书适用于刚开始接触庭院设计的设计师，也适用于拥有庭院想做设计的业主、园艺爱好者，书中较为全面地介绍了设计思考的内容和过程，有助于扩展大家对庭院设计的认知。从专业的角度给读者解惑，是我写这本书的初衷。

楼嘉斌

目录

图片来源：北京壹禾景观园艺有限公司

第一章

小庭院设计之初的思考

第一节

了解和分析场地

庭院设计之初需要了解和分析庭院场地，其中包括场地的周边环境、气候条件、光照条件、土壤条件、建筑的室内情况以及庭院未来的使用性质等。了解以上信息后，需要对其进行综合分析，总结优势、劣势，提出设计建议，并将分析结果贯穿设计始终，这样才能让设计有理有据。虽然庭院设计主要体现美学特性，但理性的逻辑分析才是其立意之本。

周边环境

庭院规划设计前要先围绕庭院走一圈，360° 地观察场地周围的情况。有条件的话，还可以在高处对场地进行拍照，俯视场地周围的情况。需要观察的内容有：

1 场地周边的道路情况

首先需要看看场地周围是否有道路、道路是车行道路还是人行道路、道路的宽窄情况是怎样的、能否进大型机械车。这样观察的目的是判断庭院内是否能种植大树或放置大重量小品、景石等以及车辆的噪声对庭院是否有影响。如果条件不允许，就需要在设计中进行规避和调整。

←↑ 观察场地周边的道路情况

2 场地外的植物情况

观察一下场地外围植物的品种以及长势情况。如植物是否会遮挡住庭院内的阳光、植物的品种是常绿还是落叶、植物能否成为庭院的绿色背景等，这些问题都需要考虑。有不少优秀的庭院作品将场地外的植物作为天然背景并在此基础上进行前、中景的植物搭配，让身处庭院中的人感受不到庭院的边界。这种借景入园的方式是拉长景深的巧妙办法。

⬇ 一个好的自然背景如同一块有漂亮纹理的布，而设计所要做的就是锦上添花。当然，如果没有自然背景也不成问题，可以通过设计来营造

3 场地内外的视线关系

行走在庭院外围时可向庭院内观望，要留意能否看到庭院内的情况。私密性不好的庭院可以通过后期砌筑硬质围墙或种植绿篱来解决。

⬆ 通过硬质围墙或绿篱来保护庭院隐私

4 场地周边水系情况

有的庭院拥有滨水区域，水系相连。此类庭院需要观察全年水位情况，获得水位数据，方便后期标高设计。还需思考居住者是否有亲水游憩、引水入院的需求。

5 场地周围建筑情况

站在庭院内环顾四周的建筑，观察是否与邻居有视线互望的情况，如果介意，在设计中可以通过种植植物或者设置建筑物来解决。

图片来源：北京壹禾景观园艺有限公司

⬆ 与植物搭配的天然水系能给庭院增光添彩

图片来源：植然空间 SO PLANT

⬅ 观察场地周围的建筑，通过种植植物或者设计围墙来保护隐私

气候条件

南北方气候的不同，不仅体现在气温上，还会在湿度、降雨量、光照情况上有所体现，这些因素也将影响庭院内植物的生长。南北方常绿、落叶植物的数量比例大不相同，北方多落叶植物，冬天呈现落叶之景；南方多常绿植物，可以将常绿植物和落叶植物搭配种植，一年四季皆可见绿。南北方的植物景观大有不同，所呈现的气质也是彼此迥异。除此之外，北方冬季多雪，能呈现漂亮的庭院雪景；南方气候温暖湿润，植物长势较快，一年四季都能观赏到花团锦簇的美景。北方冬季多风，不耐寒的植物要种植在避风的区域才有利于成活；南方梅雨季节多雨，怕涝的植物需要特殊照顾。因此，打造庭院应该结合地方气候，设计出符合当地特色的植物景观。

图片来源：北京壹禾景观园艺有限公司

⬆⬇ 根据南北方季节变化选择植物

图片来源：北京壹禾景观园艺有限公司

图片来源：植然空间 SO PLANT

光照条件

光照是植物生长的必备条件。庭院因受到建筑及周边环境的影响，不同的区域光照情况也不同，因而庭院所呈现的景色也不同。光照条件特别好的区域或背阴的区域直接影响植物品种的选择。如果种植位置错误，可能会导致植物死亡，不过可以通过改变周围环境来改变庭院的光照条件，比如砍掉遮挡阳光的外围乔木、拆除外围违建等。

庭院常见植物推荐

种类	喜阳植物	耐阴植物	耐半阴植物
乔木	七叶树、鹅掌楸、玉兰、枫香、五角枫、无患子、合欢、樱花、白蜡、栾树、石榴、北美海棠、紫薇、绿萼梅	—	鸡爪槭、茶花、桂花、罗汉松、红枫、四照花、杜英
灌木	紫荆、穗花牡荆、欧洲雪球、绣线菊、菱叶绣线菊、木槿、猥实、风箱果、牡丹	八角金盘、棕竹、狭叶十大功劳、荚蒾、珍珠梅、栀子	南天竹、美人茶、山梅花、蜡梅、六道木、六月雪、银姬小蜡、红瑞木、结香、溲疏、紫珠、布纹吊钟、绣球、天目琼花
草花	细叶芒、虞美人、老鹳草、针叶福禄考、大花葱、拳参、海石竹、花菱草、朱砂根、美国薄荷	玉簪、麦冬、羊角芹、淫羊藿、荚果蕨、红盖鳞毛蕨、大吴风草、匍匐筋骨草、铃兰、玉竹	落新妇、德国鸢尾、唐松草、石菖蒲、荷包牡丹、羽衣草、老鹳草、矾根、西伯利亚鸢尾

➡ 喜阳的植物适合生长在光照条件好的区域，喜阴的植物适合生长在背阴处，耐半阴的植物则可以生长在以上两个区域之间

土壤条件

土壤有沙质土、黏质土、壤土三种类型。三种土壤的透水性和透气性各不相同，其中沙质土的透水性和透气性最好，但保水性差；黏质土的透水性和透气性最差，但保水性最佳；壤土则介于两者之间。不同的植物对土壤的要求也不同，比如松类植物需要种植在透气性、透水性较好的土壤中，这样不容易烂根，而茶花需要种植在黏质土中，月季则需要种植在壤土中。此外，部分植物需要土壤具有一定的酸性或碱性，比如栀子、杜鹃、茶花需要种植在酸性土中。土壤的肥力决定了植物开花、结果的情况，先天质量不高的土壤，可以通过后期改良来达到理想效果。黏质土可以通过掺沙以及大颗粒纤维土来改善透水性不好的问题；沙质土可按比例掺入黏质土，调节透水性。市面上销售的土壤酸碱调节剂能调节土壤酸度，按比例调配后就可以达到部分植物所需要的土壤条件。

土壤分类

土壤分类	特点	改良	适合种植的植物
沙质土	沙粒含量超过 50%，黏粒含量小于 30%，土壤颗粒空隙大，土壤通透性好，透水性好，但保水性差，保肥力差	适当混合黏质土，增加土壤的保水性和保肥性	多肉类植物、兰花、岩生类植物
黏质土	质地黏重，土粒之间缺少大孔隙，透气性及透水性差，保水及保肥能力强	适当混合沙质土，增加土壤的透水性和透气性	紫荆、紫薇、桂花、茶花、柳树、香樟等植物
壤土	性质介于沙质土与黏质土之间，透气性及透水性好，保肥及保水性好	—	一般植物都可种植

室内外视线关系

除了上述情况外，设计之初还需要关注室内外的视线关系。室内与庭院的视线联系是通过窗户、推拉门等来实现的，窗户的大小决定了框景的画幅以及画面的内容，因此需要对室内与庭院互望的窗户进行具体分析，了解各个窗户离地的高度、整体的尺寸以及分缝的情况，方便后期精准设计。另外，还需要了解室内房间的功能，不同的房间功能也会影响室外景观的设计。

图片来源：植然空间 SO PLANT

⬆ 天气太过炎热或寒冷的时候，人们便会在室内观赏庭院景观，因此室内的观赏效果值得重视

室内外游线关系

在设计之初，室内外游线关系也值得着重考虑。首先需要查看外部进入庭院的方式以及由室内进入庭院的方式。庭院内如果没有独立的小门通往外部区域，则需要穿过室内抵达庭院，那么庭院的游线也就相对单一；如果有独立的小门，就需要同时考虑外部进入庭院的游线以及从室内进入庭院的游线，两者需要分开设计。

↑ 考虑庭院游线关系

如果室内还有服务人员的出入口，那么庭院的游线系统还需要考虑服务人员的快捷通道。同时，厨房与庭院的出入口也需要特别关注，因为在庭院进行聚会、烧烤等活动时与厨房的联系较密切，需要从室内拿食物、厨具等，因此，要将两者的距离设置为最短，方便后期使用。

➡ 如果庭院足够大，可以设置独立的庭院厨房

第二节

确定设计风格和功能

在开始设计之前，要先想好庭院的理想风格，是多花浪漫的自然风，还是禅意质朴的日式风，还是简约大气的现代风，抑或是多种风格的混搭。设计风格的确定能为设计方案奠定基调，不同的设计风格有不同的设计语言，具体体现在构图线条的表现、材料的运用、小品的形式、植物品种的选择以及颜色的搭配上。此外，风格的选择还与后期打理的难易程度有关，现代风的庭院中植物品种少、排列整齐，后期养护比较容易；自然风的庭院中植物品种繁多，需要耗费较多的精力来打理，因此设计之初需要多加考量。

你的理想风格是哪种类型？

1 日式风

日式风体现的是质朴感和自然美，光照条件不足的庭院设计此类风格最为合适。常将石组、植物、水系以浓缩的形式布置到庭院中，来展现自然中的景致，使整体呈现出静谧、雅致的氛围。

⬆ 日式庭院景观的表达相对内敛克制，适合室内静观。设计语言更趋向于精神性，人在庭院中会感受到内心的沉淀与平静

⬇ 日式风格选用的植物大多是耐半阴和喜阴的品种，整体景观少观花植物，绿色是主题色

2 自然风

植物观赏性强是这一风格的特色。庭院中植物种植的面积占庭院面积的 50% 以上，材料多选择天然材料，再通过人为布置设计来展现自然之景。英式乡村风和杂木风都归属于这一风格。

⬇ 英式乡村风主要展现草甸等自然景观，色彩搭配更加明艳，植物的四季交错之感更为强烈，不同品种的宿根花卉组合在一起，呈现浪漫的乡村之景

图片来源：北京壹禾景观园艺有限公司

3 现代风

现代风庭院多采用几何图形元素，强调几何图案的线条美。景观效果直白，少曲折，多选择具有现代感的材料，如金属、清水泥、石英石、透水砖等，比较考验施工工艺。颜色选择可单一，也可大胆跳跃。植物种植相对简单，不需要太多养护和园艺劳作。

图片来源：植然空间 SO PLANT

⬅⬆ 现代风庭院比较适合忙于工作的年轻群体，既能让他们享受庭院的美，又能从繁重的打理工作中解脱出来。此类庭院中的植物给人的四季之感较弱，生长稳定后可以长期保持整洁，营造舒适的氛围

4 混搭风

如果以上几种风格都喜欢，但不知道如何取舍，可以试试混搭风。不同区域选择不同的风格，通过巧妙的设计将不同风格的区域有机地统一起来，实现无缝切换。漫步在庭院中能感受到不同风格的景观，比单一风格的庭院体验感更丰富。

图片来源：植然空间 SO PLANT

⬆ 现代风可以在屋顶庭院体现

图片来源：植然空间 SO PLANT

⬅ 背阴的区域可以尝试日式风

⬇ 阳光条件好的区域可以做自然风

图片来源：植然空间 SO PLANT

你想要在庭院中做什么?

1 休憩观赏

风和日丽的下午，约三五好友，沏一壶茶，做一些甜点，在廊亭中、阳伞下闲聊，度过欢乐惬意的时光，这是很多人梦想中的庭院生活。庭院中的美景，鼻尖弥漫的芳香，耳边的虫鸣鸟叫，阳光从叶片缝隙洒下，树影斑驳，让人陶醉。

➡ 设计一处可落座的休憩平台，放置好户外家具，便可实现理想生活

2 娱乐运动

晨起推开门，空气中充满了水汽，叶片湿漉漉的，沿着庭院步道漫步，观察庭院中的每一处变化，发现一些新的惊喜。

图片来源：北京壹禾景观园艺有限公司

➡⬇ 夜晚降临，和家人们在庭院中享受露天电影，点燃户外烤火装置取暖。也可以与家人一同在庭院中进行小型球类运动，强身健体

图片来源：北京壹禾景观园艺有限公司

3 户外聚餐

户外烧烤是庭院聚会的最佳项目，只需一台移动式烧烤架就能实现。除此之外，还可以购置户外厨房设备，在户外也能实现烘焙、烹饪、储藏酒水等功能，从简单的家庭聚餐升级为派对酒会。

➡ 为户外聚会准备的庭院空间

4 儿童玩耍

家里有小朋友的，可以考虑在庭院设置一处儿童活动区，为孩子们打造一片独属于他们的秘密领地，树屋、花园房、滑梯、秋千、沙坑、黑板都是小朋友们喜爱的元素。

⬆ 孩子们约上自己的好朋友来到他们的专属领地，共同享受快乐的庭院时光

5 菜地种植

种菜是老人们打发时间、锻炼身体的好项目，小朋友也可以与大人一同体验种菜的乐趣，寓教于乐。同时，通过对菜地的合理规划，形成高低错落的布局，改变传统菜地脏乱的现象，达到赏心悦目的效果。

6 动物活动

将小动物养在庭院中，比如狗、猫、兔子等，为它们设置小窝，让它们自由出入庭院。必要时也可以限制动物活动的范围，防止它们破坏植物。

⬅⬇ 为动物设置它们的小屋

你会如何使用这个庭院？

大部分人将庭院用作日常休闲的地方，与庭院朝夕相处，享受庭院的四季景观。但也有一部分人把庭院作为休闲度假地使用，一年中可能只有 1 ~ 2 个月的时间需要使用到庭院，这样的庭院就无需注重生活元素，而是需要重视庭院的观赏性，要有特别吸引眼球和让人过目不忘的景观，让在此度假的人心情愉悦、身心放松，因此可以选择应季或花期集中在度假期间的植物，随换随买。

图片来源：北京壹禾景观园艺有限公司

图片来源：植然空间 SO PLANT

⬅⬆ 度假式庭院的设计形式可以适当夸张、奔放一些。还有一部分人把庭院作为未来养老使用，短期内并没有庭院的使用计划。这类庭院在未来的使用中有较大的可变性，因此简单设计即可，搭建方式也应从简，方便后期改动

第三节

未来的使用计划

如同职业规划一般，庭院也需要有一个总体的规划。捋清思路，做好计划，这样不至于在设计落地后才发现各种问题，推倒重来，劳心又伤财。如果对庭院未来使用的计划摸不着头脑，不妨问问自己下面几个问题：

庭院的边界会不会在未来发生改变？

如果未来庭院的边界将扩大，那么在设计中就需要对可能增大的区域进行统筹考虑。考虑新增加区域与现有场地的联系，预留出可以通达的道路，另外，庭院边界要易于拆改扩大，植物也要在尽可能少变动的前提下种植。

小贴士

如果没有提前计划，那么新扩大的区域将很难与现有区域连接，生硬的补充衔接将影响庭院的整体效果。如果未来边界会缩小，那么要对预缩小的区域进行简化设计，减少构筑物和小品的应用，以种植为主，这样未来变动就会相对轻松。

⬆ 思考庭院的边界在将来是否会发生变化

➡ 对于种植兴趣高涨的园丁小白来说，当精力和时间不允许时，种植太多植物所带来的巨大工作量会成为负担，所以在设计之初就需要考虑周全

计划好的风格或功能会不会改变？

风格和功能的确定最好是一步到位，但有时也会发生变化。比如随着年龄的增长，孩子们对沙坑、秋千、滑梯失去了兴趣，儿童娱乐区域会被渐渐遗忘，这时候就可以对儿童娱乐区进行删减，将其恢复成种植区。水景区也是容易发生改变的区域，水景区的打理繁复，养护成本较高，当初设计时的一腔热情也会随时间减退。当水池中没有水，只留下一个大坑时，就会让人产生颓败感。因此在设计之初可以做好舍弃的设想，计划出可替换的方案，这样在后期反悔时还有挽救的余地。

图片来源：北京壹禾景观园艺有限公司

图片来源：北京壹禾景观园艺有限公司

图片来源：北京壹禾景观园艺有限公司

是否会更换住所?

除了以上两个问题，还需要问自己这样一个问题：庭院中的建筑是否是自己的第一住所，未来会不会更换？非长期稳定的住所，对庭院的规划、材料的选择、成本的控制都要有综合的考虑，复杂奢华的设计明显不适用于此，性价比高的设计才是最合适的。

⬆ 景观的即时性是此类庭院设计的关键。要选择能在短期内达到理想效果的植物成苗，减少植物成熟的等待时间

⬅ 设计之初要考虑种植植物所带来的工作量

图片来源：北京壹禾景观园艺有限公司

第二章

小庭院的设计方法

第一节

合理的空间布局 让小庭院大放异彩

庭院设计中最关键的就是空间布局，布局的好坏将直接影响庭院使用的合理性及观赏性。空间氛围为空间确定基调，设计需围绕基调展开。

空间布局的方法

①突出主要空间，弱化次要空间。

②渲染主要空间，增加设计元素，次要空间可简化处理，一笔带过。

③巧用留白，通过草坪、砂砾、水面的留白设计，让庭院“透个气”，让视线放空，更好地欣赏其他美景。

空间氛围

空间氛围犹如写作主题一般，为空间设置一个基调，设计围绕这个基调展开，通过不同元素的组合、多种色彩的烘托、植物层次的叠加，最终营造出预想的氛围，由于不同空间的氛围不同，空间的转换便是氛围的转换，随着氛围层层递进，游览的心境也会随之而变。

⬆ 若想入口处的氛围开阔、舒朗，那么植物的围合就不能特别密集，通过增多硬质景观减少种植的方式以营造开阔感

⬆ 走廊是前后院的连接区域，也是承上启下的过渡空间，因此氛围应以简约为主，设计可作简化处理，达到行人快速通过的目的

⬆ 如果主花园的氛围是浪漫、雅致，那么可在色彩和植物上进行氛围的点题，多样的色彩与多花的植物互相组合，散发浪漫、雅致的气息

➡ 后院设定的是静谧、沉浸的氛围，那么在色彩选择上可以单一一些，以绿色为主基调，植物的配置也要相对从简，突出主景。主景选择具有禅意的元素，有助于观景人平心静气。此类氛围的庭院一般位于阳光条件较差的区域，利用荫翳之景给人静谧之感

如果景观氛围感让人满意了，处在空间中的人就能与其产生共鸣，这样的设计才是正确的。因此，不妨试着给空间定义一个氛围词汇，从氛围词汇出发寻找方向、寻找灵感，设计就会容易很多。

空间尺度

尺度是设计的基础，适宜的尺度会让庭院空间使用起来更加方便。那么，什么样的尺度是合适的呢？比如廊亭休闲区常采用3米 ×4米或4米 ×6米的尺寸,这样的尺寸比较适合家庭聚会。面积较大的庭院可以采用 4 米 ×6 米的尺寸，面积较小的庭院可以选用 3 米 ×4 米或者更小的尺寸。但是如果廊亭休闲区的面积过小或者太大就会造成使用上的不便，也无法顺畅衔接其他区域。

⬆ 休闲区和种植区常用的铺装面积比例为 4 ：6，可以根据风格和个人喜好进行调整，但最好不要相差太多，否则呈现出的景观效果会让人感到不适

古典园林的造园手法中有“以小见大”“欲扬先抑”的说法，指的就是空间布局所营造出的效果。

➡ 适当缩小小品的尺度，反衬出周边环境的开阔感，在小庭院中使用这样的方法，可以达到“以小见大”的效果

⬆ 设计中可通过借景的方式将庭院外的山、植物、水面等“借”到庭院中，模糊边界，拉长景深，延展景观视觉范围，扩大庭院的空间感

⬅ 两个空间的大小对比转换营造出先逼仄、后开朗的感觉，让人在不同的空间中心境产生不同的变化

空间主次

庭院一般由多个空间组成，设计中需要对全局进行整体定位和规划，确定哪些地方是主要空间，哪些地方是次要空间，并据此来设置观赏点位和进行功能排布。

⬆ 面积大的主庭可作为主要活动空间，设置具有观赏性的小品，如休憩用的廊亭、观赏性强的花境

⬇ 狭长的侧院为次要空间，可弱化设计，以铺装和种植为主，无需设置观赏小品

入口处的拓展空间的主要功能是展示和通行，除此之外还可以在此设置休闲空间，作为参观者的休憩场所。

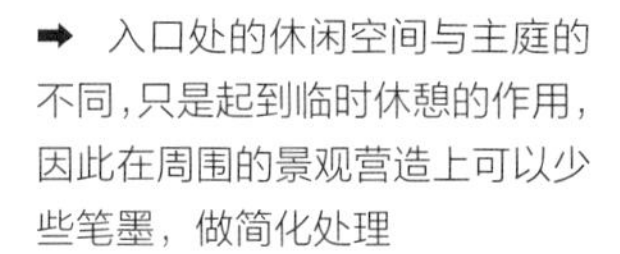

➡ 入口处的休闲空间与主庭的不同，只是起到临时休憩的作用，因此在周围的景观营造上可以少些笔墨，做简化处理

⬇ 花架、水景、雕塑都能成为庭院的主景，所以当它们同时存在于庭院时应将其集中放置在一个区域里，而不是分散放置，从而形成多个视线焦点。庭院小品的集中放置可以增加此区域的使用率，提升整体景观效果

巧妙留白

在庭院的空间布局中，我们需要巧妙留白。留白的形式可以是现代风格中的规则草坪，也可以是自然风格中的鱼池，还可以是日式风格中的沙海。留白的好处是能让游览者的视野“放空”一会儿，让空间具有可想象的余地，使人思维发散、浮想联翩。

⬆ 日式风格中的沙海是假水的处理手法，当人们面对沙海时能联想到自然界中的海洋、岛屿，以景观心，从而洗涤心灵

⬅ 留白也能在一定程度上让景观的虚实对比产生不一样的空间感受。留白的区域可以大于非留白的区域，两者比例也可以互换，这与图面关系有关，但留白比例高的设计会让人感觉空间更具想象力，场地的氛围感也会更加突出

第二节

动线规划让游览更有看头

庭院的动线规划是庭院设计的一大重点，好的动线设计能让庭院游览过程保持循序渐进的节奏，如同音乐一般，从慢慢拉开帷幕的前奏，渐渐过渡到高潮，直到恢复舒缓的尾声。利用游线形式的变化控制游览节奏，使人们在变换的景观中获得心灵的治愈和情绪的释放。

动线划分

1 游步道

庭院游览所经过的道路为游步道，游步道串联起庭院中的各个观赏点位、休闲区、功能区，沿着游步道可穿越树林、临近池塘、看尽庭院内景观。游步道的设置最好能形成环路，这样庭院内的游线可以形成闭合环路，大大提高通达度。

对于面积较大的庭院来说，还可以将游步道分级，分为主游步道和次游步道，两者通过宽度和材料加以划分。比如将主游步道的路宽设为 1.2 米，次游步道的路宽设为 0.8 米。主游步道串联起功能区，可以通过主游步道到达庭院中的各个功能区。

⬆ 少量设置单向行进的游步道，可以增加观景点的神秘气息

➡ 犹如树杈有主干与分枝的区别，次游步道是观景点与主游步道之间的连线，人们能从主游步道进入到次游步道中，这样设置的道路会更加清晰，人们也不容易迷路

2 服务道

服务人员行走的道路是服务道，一般设置在庭院的隐蔽处。服务道与建筑服务区相连，与游步道有所区分，两者最好没有交集。服务道的设置应遵循距离短、便利等原则，这样才能更快、更好地提供服务。

3 维护通道

维护人员行走的道路是维护通道，其宽度可设置为 0.4 ~0.6 米，供一人行走即可。道路可以隐藏在植物种植区，方便维护人员的日常维护。

图片来源：植然空间 SO PLANT

图片来源：北京壹禾景观园艺有限公司

⬆⬅ 砾石、草坪、汀步等都是可短时行走的区域，可作为维护通道使用。维护通道的设计不必考虑观赏性，只需考虑维护是否便利即可

游线形式

1 发散

与曲折、直线相对立的游线形式就是发散型游线。此类游线形式没有明确的目标，从某一中心向外扩散，有一定的不确定性，进而形成神秘感。设计中不常使用此类游线形式，其只使用在特定的构图设计中。

图片来源：北京壹禾景观园艺有限公司

⬆ 发散型游线

2 曲折

曲径通幽是说蜿蜒的小径通向幽深僻静的区域，从而构成别样的意境。曲折是游线设计中常用的一种形式，通过曲线的设计让游线富于变化，再利用两侧景观的配合，形成开开合合的空间，让行人享受多变的景观。

⬇ 曲径可通过调节曲度和凹凸的频率来控制行走的节奏，还可以通过现代化处理的折线来表现曲径通幽的意境

图片来源：北京壹禾景观园艺有限公司

3 直线

直线是游线设计中最直白的形式，点对点的直线连接，目标清晰，方向明确。但过多的直线容易让人产生乏味感，可以通过交错的直线道路或段点式直线道路来增加游线趣味，使行人忽略直线带来的直白感。

➡ 对于一些现代风格的设计或者是指向性明确、需要着重强调的景观，可以通过直线形式对其进行放大和强化

图片来源：植然空间 SO PLANT

第三节

室内外的视线联动及窗景设计方法

建筑和庭院的关系密不可分，设计时除了需要考虑庭院中的视线及观景角度，还需要综合考虑从室内向外望的景观效果。建筑与庭院的视线联动主要是通过窗户来实现的，窗户的形式不同，框景的范围也不同。

大部分的建筑采用的是矩形窗户，现代风格的建筑还会采用长条形窗户，通过长条形的开窗框取庭院景观，还有的设计甚至会将门和窗融为一体，通过推拉的形式与户外连接，这样的框景画幅会更长，捕捉到的庭院景观也会更多，室内外的关系也就更为密切。

将窗户当作画框

当夏日酷暑来袭或冬日寒风凛冽之时，庭院的使用时间就会减少，此时人们大多会在室内观赏。当清晨的第一缕阳光伴随着庭院动人的景观一同映入眼帘时，这样的感觉实在是太美妙了！又或在下雪时，坐在屋内，欣赏庭院慢慢积雪的过程，也不失为一种享受。

➡ 窗景设计尤为重要，要着重考虑窗户所在的位置以及从窗户向外望时能看到的景观。如果把每个窗户当作画框，那么你希望在画中看到什么呢？是高低错落的植物景观，还是孩子玩耍时的温馨场景，或者是静态的艺术小品和动态的水景瀑布？此外，如果窗外有不适宜的景观，则可以通过设计进行规避和遮挡

注意前景和背景

设计时需要对窗景进行构图分析，考虑从窗户看风景时的整体构图，将靠近窗户的元素与远处空间的元素分开，前景的元素应该在细节上进化深化。

⬆ 可以把窗台上的花盆与窗户外的水景组合在一起构图，或者把花园前景处的座椅与远处种植的开花植物结合在一起构图

⬅⬆ 可以将户外的雕塑、秋千、烤火盆或焦点树设置在远离观赏位的地方，由此可将室内人的目光吸引到庭院的深处

颜色的运用

绘画中会将明亮的暖色调运用在前景和中景，然后再用冷色调慢慢过渡到远景，构成前景、中景、远景的色彩对比。窗景设计中也可以运用这样的手法，例如背景处可种植叶色深的植物，把有彩色叶子或者嫩绿色叶子的植物种植在前景区域，使画面饱满和谐。

➡ 单一品种的植物采用大面积种植与点状种植交替会在视觉上产生差异，例如种植有色彩的植物能吸引目光望向远方，而开白花的多年生植物品种散布在混合种植的植物中，有助于弱化视觉聚焦

图片来源：北京壹禾景观园艺有限公司

增加视线焦点

当人们凝望窗外时，焦点景观会格外吸引视线。焦点景观可以是建筑物，也可以是景观小品，抑或是造型优美的植物，比如羽毛枫、鸟澡盆、花拱门、小木屋等。

图片来源：北京壹禾景观园艺有限公司

⬅ 焦点景观的设置可以让窗景更有看头

装饰空白墙壁

如果窗户对着的是邻居家的栅栏或者院墙，可以利用爬藤植物对其进行遮挡，或者用垂直绿化美化院墙，还可用竹格栅来装饰它。

加强隐私

当窗外的景色涉及公共区域时，如繁忙的街道或邻居家的客厅，可以通过增加树篱或者加密远景处的种植物来保证庭院的私密性。

图片来源：北京蔓禾景观园艺有限公司

⬆⬇ 种植常绿且高密的树篱品种会比增加院墙高度更加自然适宜

图片来源：植然空间 SO PLANT

2 提升冬季观赏效果

北方地区冬天在室内观赏庭院的时间要比夏天多，因此北方地区庭院的冬季景观尤为重要。入冬后，可观赏常绿植物以及带有明亮枝条和果实的植物。

⬅⬆ 适当搭配常绿植物和观果植物，作为冬季庭院的观赏景观。冬季也是观赏落叶植物枝条姿态最好的时节

第四节

庭院小品的布置方法

在庭院中设置焦点景观可以增加庭院的游览乐趣，让庭院更有看点。焦点景观多种多样，庭院中可作焦点景观的小品有休闲廊亭、喷泉、鱼池瀑布、雕塑、景墙、景石等。在庭院的不同区域需放置不同的景观小品，例如宽阔的休闲区内可以放置一处造型独特、颜色出挑的休闲廊亭，再搭配一些植物，既能起到休闲放松的作用，又有可供欣赏的美景。那么，如何布置具有焦点性的庭院小品呢？可以从以下几点进行分析。

窗前焦点

小品的位置可根据建筑窗户的位置来确定。从室内看向外面的画面应当具有视觉中心，以小品为主景来构造画面，可以让画面更加生动，百看不厌。

图片来源：植然空间 SO PLANT

←↑ 此类窗前焦点景观建议选择廊亭、雕塑、景石等小品，此类小品可远观也可近赏。远观可大致了解小品的轮廓和颜色，吸引人们进入庭院一探究竟，近观则比较适合坐在室内安静欣赏。小品需要具备艺术性和观赏价值，最好还能引发人们的冥想和沉思

道路焦点

庭院中道路的交会处可设计为供短暂停留的平台，平台处可设置小品，一般选择喷泉水池或雕塑，打造视觉焦点。

⬆ 可以用小品分散视线，营造神秘感，等到行人走近时，绕开小品后才能看到后面的景观

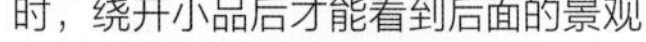

⬅ 在侧庭中，为了避免人们能一眼看透主庭，通常会在侧庭和主庭交界处设置小品，比如造型独特的景墙、植物组团或者花拱门等，借此实现视线遮挡和景观过渡的目的

当人们在侧庭游览时，会先被远端的小品吸引，从而引发好奇心想要一探究竟，走近后转换空间，才能看到主庭更开阔的空间。这种欲扬先抑的景观效果可通过小品来实现，尤其是曲径搭配景墙，效果最为明显。

主庭焦点

主庭是庭院中主要的活动区域，也是使用率最高的区域。主庭可根据庭院面积设计焦点景观，一般需要设计 1 ~ 2 个视线焦点，以满足休闲区观景和室内观景的需要。

主庭焦点景观的体量、造型、艺术性都需要比其他地方的焦点景观更加突出，这样才能烘托出主庭的重要性。

➡ 视线焦点可放置在道路的交会处

图片来源：植然空间 SO PLANT

图片来源：北京壹禾景观园艺有限公司

⬆ 小品还可以放置在主庭远方，并制作若隐若现的效果，以便激起人们想要走近观察的好奇心

第五节

庭院材料的种类及使用方法

庭院材料是设计工作中的重点，骨架搭建完成后，需要用材料展现效果，材料如同“皮肤”一般，可以传达庭院的气质。常用的庭院材料有很多，但并不是所有的材料都能搭配得宜，我们需要考虑它们的色彩、质感，还要考虑庭院的风格，综合考量后才能选出适宜的组合。当然，材料组合的模式和设计者的喜好也有关，但好的设计整体效果是和谐美观的，不会让人觉得突兀、难受。

常用的庭院材料

1 砖

砖的颜色较多，常用的有红砖和灰砖，市面上的砖还有黄色、暖灰色、复古色等颜色，砖的形状可分为常规款和复古款。不同颜色的砖可以应用到不同风格的庭院中，如红色、黄色、咖色、复古色等的砖可以应用在欧式庭院中，用于烘托浪漫、艺术的氛围。

砖的成本较低、施工方便，这是它广受欢迎的原因。它不像石材那么刚硬，不仅能给人温暖的感觉，还能赋予庭院历史的沧桑感。

⬆ 灰色砖可以用在自然风格、日式风格、现代风格庭院中，既百搭，又能衬出庭院的其他色彩

➡ 复古款的砖四周有磨角处理，表面肌理也更粗糙、更有质感，这种款式的砖比较适合日式风格和自然风格庭院

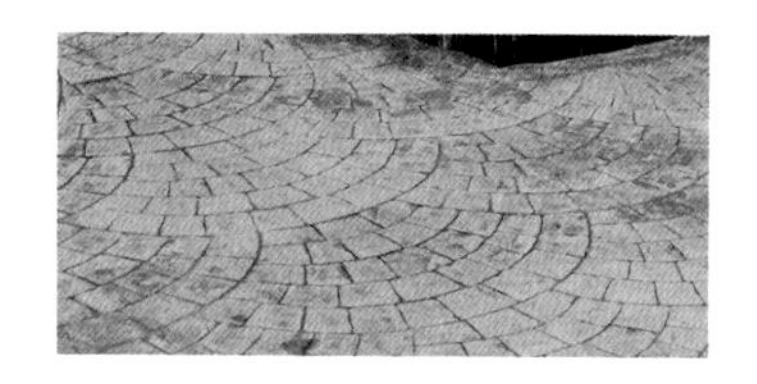

图片来源：北京壹禾景观园艺有限公司

⬆➡ 现代风格庭院则更适合铺常规款的砖。砖的铺法形式多样，可席纹铺、交错铺、菱形铺、横向铺，砖是最常见的地面材料之一

2 石材

不同于砖，石材的质感坚硬许多。现在常用的石材有花岗岩、石灰石、大理石。其中，花岗岩最常见，也是最稳定的材料。

石灰石是欧洲国家常用的石材，产地大多在国外，需进口荒料到国内后再进行加工，其颜色独特、纹路新奇，如今作为高端石材被大量使用。石灰石是花岗岩所不能替代的，其细节呈现更细腻，颜色质感更高级，是设计师们所青睐的石材类别。

⬅ 花岗岩的质地比一般石材坚硬，所以它能被更好地运输和加工。花岗岩的颜色丰富，石材色差小，产量高，原产地就在国内，供应也方便，因此它成为当下最热门的材料。常用的花岗岩颜色有芝麻灰、芝麻黑、黄金麻、金沙黄、芝麻白、山西黑等，可使用在地面铺装、墙体立面、造型雕塑上

图片来源：boll 是园

➡ 由于石灰石的质地较软，运输过程中容易磕碰，加工时容易崩角，并且石材色差大，需要精准放样裁板，价格昂贵且加工时间长，注定只能走高端市场。石灰石可使用在墙体立面、铺装上，部分石灰石因过于柔软，无法作为铺装材料使用

大理石在庭院中运用较少，设计师们一般选择将其用在墙体立面上，鲜少见将其用作铺装材料。大理石容易吸水冻裂，因此北方庭院需要慎重选用。

3 木材

木材的颜色多为暖色系，质地柔软，给人温暖的感觉，且具有自然感，常被应用在活动区域的铺装上，例如休闲平台、屋顶花园会使用原木铺装。木材的种类有很多，常用的有松木、柚木、巴劳木、菠萝格、芬兰木、橡木、胡桃木等。每种木材的坚硬度不同，耐腐蚀性也不同，还需要进行一些特殊处理以维持木材的稳定性并达到防腐的效果。除了木材本身的颜色外，还可以通过刷木材漆来改变木材的颜色，如想要地中海风格的蓝色，则可以买成品木蜡油对木材进行上色。

← 木材还可以应用在竖向立面上，如使用木板拼接做成的木栅栏，能给人带来自然感

图片来源：植然空间SO PLANT

← 枕木可以应用在铺装上，与砾石、铺地植物搭配使用，可营造自然氛围

4 金属

现代风格庭院中往往会加入金属元素，常用的金属有钢板、耐候钢、铝合金等。金属材料的颜色有多种选择，可利用油漆进行上色处理。金属的形变能力极强，可根据设计做出多种造型。金属比较轻薄，对其加工操作相对简单，在一些小空间内也能发挥优势。

随着工艺技术的发展，还可以对金属进行转印加工，把想要的木纹肌理转印在金属上，以假乱真。在一些无法承担重量的木制建筑物上，如果仍想要木纹的颜色肌理，可以尝试使用印有木纹肌理的金属材料，实现一举两得的效果。

图片来源：北京壹禾景观园艺有限公司

图片来源：boll是园

→ 小空间中没有太多的富裕空间来砌筑墙体装饰石材，可以使用金属板材经焊接后塑型成种植池，释放种植空间，减少结构厚度

5 仿真类材料

市场上仿真类材料层出不穷，在一定程度上填补了材料市场的空白。仿真类材料可以有效规避一些原有材料的弊端，且价格更便宜。比如 PC 砖（预制混凝土砖）集合了砖和石材的特性，规避了两者的缺点，状态稳定、成本低廉、性价比高，已成为当下最热门的石材材料之一。又如塑木是木材的仿真品，耐腐蚀，不易变形，操作简单，逐渐成为木材的替代品。再如真石漆是石材的替代品，通过喷涂的方式便可呈现出真石的效果，以假乱真，是减少成本的妙招。

材料组合的方法

1 色彩统一

多种材料的组合运用容易出现色彩杂乱不协调的问题，比如色彩明亮的黄色板岩搭配绿色大理石，红砖搭配灰色石材，两者之间的颜色跳跃太大，整体效果就会不和谐。

⬇ 材料的颜色应选择同色系、同色调的相近色。比如都以黄色调为主，可以选择黄色的板岩、木材与暖黄色金属进行搭配，整体会比较和谐

图片来源：植然空间 SO PLANT

2 质感统一

不同的材料会表现出不同的质感，木材与石材的肌理质感大不相同，石材还可根据面层的不同来区分质感。设计中除讲求色彩的统一外，还要对质感进行统一设计。

图片来源：boll 是园

➡ 现代风格的庭院，在选择材料时需要考虑材料质感是否符合现代风格，不能选择自然感强的毛石、复古红砖、枕木，可以选择大理石、荔枝面花岗岩、不锈钢钢板等，强调材料的线条感，突显现代气息

小贴士

自然风格的庭院可以多选择自然感强的材料，像金属类、仿真类材料应尽量少选择。

第六节

植物的设计方法

植物对于花园是灵魂般的存在，植物能框定庭院空间，能柔化建筑边线，能展现四季的变化，还能治愈游览者的心灵。植物也是设计中灵活可变的部分，前期的植物设计仅能设定一个框架，要想后期呈现好的效果还需要业主的细心呵护和辛勤劳作。

主景树的应用

小贴士

小庭院是否需要大树？

小庭院也需要几棵大树，作为庭院的主景树，可以是庭荫树，也可以是具有观赏价值的景观树。它是植物景观中的骨架，它就像保护伞一般，庇护着庭院中的每一个生物，为它们输送必要的养分。

⬇ 若主景树的种植位置挨着邻居家的私密景观，那么可以选择常绿植物来进行视线上的遮掩

1 主景树的选择

主景树的数量可以根据庭院的面积决定。150 平方米以下的庭院只需要 1 ~2 棵主景树就够了，150~300 平方米的庭院则需要 3~ 5 棵主景树。除此之外，还要根据主景树的位置确定是否种植常绿植物。

图片来源：植然空间 SO PLANT

图片来源：植然空间 SO PLANT

⬆ 庭院入口处若使用植物组团，则可以选择常绿树种，维持植物组团骨架

➡ 如果想要庭院冬季有更多的阳光照射，那么可以选择落叶植物。主景树一般会选择树形饱满、品种奇特、观赏性好的植物品种

有的植物品种在多个季节都具有观赏性，如北美海棠在春季能观花，秋天结出的红果整个冬季都挂满枝头。乌桕在秋天可以观红叶，冬季又挂果。适合在小庭院中种植的植物有香樟、玉兰、七叶树、鹅掌楸、乌桕、北美海棠、四照花、樱花、石榴、紫薇、鸡爪槭等。

2 主景树的位置

一般设计时会先确定主景树的位置，然后再确定品种，但也有同时考虑的情况。

⬆ 冠幅大且高的植物一般会被安排在开阔且靠近后方的庭院区域，起拉长景深的作用，增加庭院的开阔感

⬅ 主景树还可以种植在视线焦点和轴线交会处，可选择树形优美、多季可观的品种

⬅ 主景树和景观小品搭配，能增强视觉效果，使画面构图更丰满。比如水景瀑布前侧可种植鸡爪槭，鸡爪槭枝条柔软、叶片稀疏、质感细腻、光感强烈，处于鸡爪槭后侧的瀑布若隐若现，增添了几分神秘氛围，营造出一定的景深感。石块的深色与鸡爪槭叶片的绿色形成强烈对比，中和了瀑布的磅礴气势

⬅ 廊亭后方可种植具有庭荫树特性的主景树，以作为其背景，前侧可种植观赏性佳的小乔木半掩廊亭，柔化廊亭轮廓线条，可选择的树种有四照花、樱花、石榴等

植物的层次感设计

植物搭配讲求层次感，层次感体现在植物的高度层次、色彩层次和质感层次，有层次的植物组团更耐看，效果也更好。

1 高度层次

高度层次就是指将植株矮的植物种植在前侧，将植株高的植物种植在后侧，这个原则既可以体现在庭院的整体植物关系上，又可体现在某一植物组团中。因此设计可先从整体进行规划，然后再到局部，这样就不会本末倒置了。

图片来源：北京壹禾景观园艺有限公司

⬆ 同一高度的植物种植在一起时要注意起伏感，不能太过平均，也不能缺乏规律，要保持一定的韵律感，这样构成的画面才会好看

图片来源：北京壹禾景观园艺有限公司

⬆➡ 如果有主题色的限定，那么可用主题色中的深色系植物打底，浅色系局部点缀以调整整体色彩比例。要擅长用对比色和互补色的植物，增添画面的活跃度

2 色彩层次

色彩层次讲求色彩的平衡感，可将叶色浅的植物种植在前侧，叶色深且树冠密的植物种植在后侧，这样就能形成前后对比，增加景深感。对于开花植物要注重花的颜色比例，可使用少量白色、亮色植物来提色，蓝色、紫色、绿色等中性色植物可大比例搭配。

图片来源：北京壹禾景观园艺有限公司

3 质感层次

质感层次是指植物的树干、叶片、花朵等质感的层次。不同的植物给人不同的感觉，比如栀子叶片光滑、梧桐叶片粗糙，紫薇树皮光滑、桂花树皮粗糙，因此在植物搭配时可以将质感考虑进去。

图片来源：北京壹禾景观园艺有限公司

⬆ 质感细腻的植物种植在靠近人活动区的地方，吸引游览者驻足观赏

⬆ 质感粗糙的植物种植在远离人活动区的地方

植物的季节性变化

植物设计还需要考虑季节的变化，南方城市可以做到四季观花、四季有绿，北方城市只能做到三季观花、四季见绿。因此在庭院中除了选择能观花的植物外，还需要搭配彩叶植物，比如鸡爪槭、山茱萸、枫香、红瑞木、火焰卫矛、南天竹等。

图片来源：北京壹禾景观园艺有限公司

⬆ 秋天，彩叶植物就是庭院中最耀眼的焦点

⬆ 冬季北方庭院相对萧条，设计时可搭配一些冬季能观花、观果的植物，丰富冬季观赏景观，如结香、瑞香、蜡梅、茶花、红瑞木、朱砂根、冬青等

植物的风格化设计

不同风格的庭院选用的植物也会有所区别。自然风格庭院的植物叶片多小而碎，并会大量使用观赏草类植物，自然感强烈的多杆植物也是自然风格庭院植物的代表。

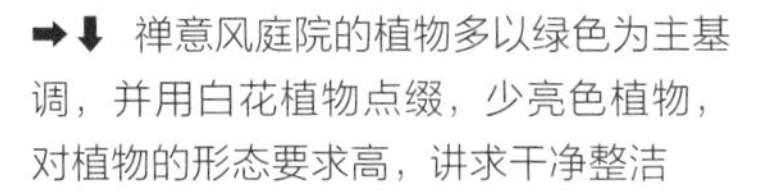
➡⬇ 禅意风庭院的植物多以绿色为主基调，并用白花植物点缀，少亮色植物，对植物的形态要求高，讲求干净整洁

⬅ 现代风格庭院选用的植物大多是叶片规整、株形饱满挺拔、片植效果好的品种

植物没有标准的风格界线，部分植物各种风格都能驾驭，但不同的组合会让植物呈现不一样的气质。

➡ 当蕨类植物和石菖蒲搭配时，能呈现出浓郁的禅意风，它们通常被种植在水池边驳岸石处

图片来源：植然空间 SO PLANT

图片来源：植然空间 SO PLANT

⬅ 单一荚果蕨片植可应用在现代风格庭院中

易养护的植物设计

植物养护是一门大学问，对于园艺小白来说养护植物是一件极为令人头疼的事。有的人能凭借对植物的热爱迎难而上，有的人则深知自身能力有限，便想在设计时尽量规避养护这个问题，事实上我们可以通过设计来实现懒人花园。

小贴士

懒人花园要注意的设计要点

①在庭院风格选择上舍弃对植物效果要求高的自然风、禅意风。

②尽量少设计种植区，增加硬质区域面积，这样就能减少养护工作。

③在植物品种数量上也要进行控制，多品种就意味着养护工作的增加，另外少种草花类植物，多种乔木类和灌木类植物。

④若要种草花类植物，那就选择好养护的品种，如绣球、玉簪、鸢尾、萱草、蕨类、球根类、橙花糙苏、观赏草等。

⑤少种需要修剪的、容易有虫害的植物。

图片来源：植然空间 SO PLANT

乔木

玉兰　木兰科木兰属落叶乔木

花期： 2—3 月
果期： 8—9 月
树高： 3 ~ 25 米
光照： 喜光，稍耐阴
土壤条件： 喜肥沃、适当润湿但排水良好的弱酸土壤
特征： 玉兰花色为白色，先开花后长叶，开花时一树白花甚为壮观。古人把它与海棠、牡丹、桂花并列，美称为“玉堂富贵”，古诗词中也常有描绘记录。玉兰树形优美，叶片大而规整，无风格限制，可在任何风格的庭院中种植。

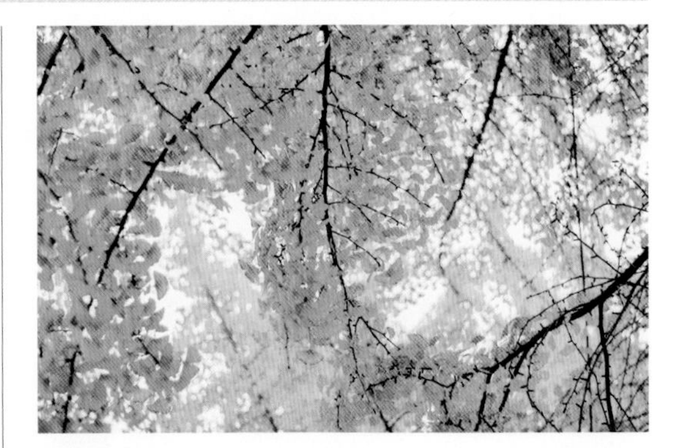

银杏　银杏科银杏属落叶乔木

花期： 4 月
果期： 10 月
树高： 5 ~20 米
光照： 喜光
土壤条件： 要求不严
特征： 银杏素有“活化石”之称。银杏叶外形独特，果实可食用。银杏株形呈尖塔状，在乔木中也是特别的存在，在植物搭配中可以起过渡对比作用。秋季叶色变黄，更能吸引观赏者的注意。在庭院中，银杏一般采用列植或组团式种植，且南方和北方庭院都可以种植，比较适合自然风、现代风、中式风庭院。

山楂　蔷薇科山楂属落叶乔木

花期： 5—6 月
果期： 9—10 月
树高： 3 ~ 5 米
光照： 喜光
土壤条件： 要求不严
特征： 山楂树形饱满，开花时一树白花。山楂叶片独特，能在众多植物中脱颖而出。山楂结果时，红灿灿的果实挂满枝头，煞是好看，果实如果不摘可以在枝头上留到第二年春天。下雪时，红色果实配雪景，特别漂亮。山楂可当果树种植，也可以当作观花乔木，与花灌木、草花组合成多层次植物景观，比较适合自然风、现代风庭院。

鹅掌楸　木兰科鹅掌楸属落叶乔木

花期： 5 月
果期： 9—10 月
树高： 5 ~ 40 米
光照： 喜光、稍耐阴
土壤条件： 喜肥沃、适当润湿但排水良好的弱酸土壤
特征： 鹅掌楸叶形独特，呈马褂状，树干笔直、古雅，是珍稀树种，抗虫性强，基本无虫害。秋季叶色变为黄色，观赏性佳。鹅掌楸一般与其他乔木进行混合搭配，适合应用在自然风、现代风、欧式风庭院中。

无患子 无患子科无患子属落叶乔木

花期： 5—6 月

果期： 9—10 月

树高： 5 ~ 20 米

光照： 喜光、稍耐阴

土壤条件： 要求不严，不耐水湿

特征： 无患子是良好的庭荫树，树形饱满，也是秋色叶树种。可孤植也可群植、列植，适合搭配在自然风、现代风、欧式风庭院中。

五角枫 槭树科槭属落叶乔木

花期： 5 月

果期： 9 月

树高： 5 ~ 20 米

光照： 喜光、稍耐阴

土壤条件： 要求不严

特征： 五角枫是良好的庭荫树，常被应用在北方庭院中，耐寒性极强。其树形饱满，是秋色叶树种，秋季叶色转为黄色。设计搭配时可孤植也可群植、列植，无风格限制，可任意搭配在不同风格的庭院中。

白蜡 木樨科白蜡属落叶乔木

花期： 3—5 月

果期： 10 月

树高： 5~10 米

光照： 喜光、稍耐阴

土壤条件： 要求不严

特征： 白蜡是良好的庭荫树，常被应用在北方庭院中，耐寒性强。白蜡树形饱满，是秋色叶树种，秋季叶色转为黄色。白蜡枝干分明，叶色明朗，在设计中一般采用群植搭配，最适合欧式风、现代风庭院。

鸡爪槭 槭树科槭属落叶乔木

花期： 5 月

果期： 9 月

树高： 3~8 米

光照： 喜疏阴

土壤条件： 喜湿润和富含腐殖质的土壤

特征： 鸡爪槭树形优美，株形飘逸，叶片小而特别，阳光能透过叶片间隙在地面形成光影，自带“仙气”。秋季时，叶片会转为红色。鸡爪槭是日式庭院中常用的主景树，不要将其种在太阳直射的区域，夏季的阳光会灼伤叶片，可种植在树荫底下。鸡爪槭可片植，也可以孤植，无风格限制，可在任何风格的庭院中搭配。

樱花 蔷薇科樱属落叶乔木

花期：4 月

果期：5 月

树高：4 ~ 15 米

光照：喜光

土壤条件：喜疏松肥沃、排水良好的沙质土

特征：樱花品种繁多，花色有粉色、绿色、白色、红色。观赏性强的品种有染井吉野樱、垂枝樱、郁金樱、大岛樱等。樱花虽是日式庭院中的代表植物，但樱花没有很强的风格性，可以在任意风格的庭院中使用。在庭院种植设计中可以孤植、片植、群植，是很好的中层搭配植物。花期比较短，花开即庭院一景。

四照花 山茱萸科山茱萸属落叶乔木

花期：5—6 月

果期：8—10 月

树高：3 ~ 8 米

光照：喜光、耐半阴

土壤条件：喜疏松肥沃、排水良好的土壤

特征：四照花花朵大且特别，优雅且带仙气，部分品种可两季开花。秋季叶色会变红，也具有一定的观赏性。搭配时可以孤植也可以群植，不受庭院风格限制，与多数植物都能搭配。

石榴 石榴科石榴属落叶乔木

花期：5—7 月

果期：9—10 月

树高：2~ 8 米

光照：喜光、耐半阴

土壤条件：喜疏松肥沃、排水良好的沙质土

特征：石榴可观花，也可观果，果实可食用，有多重观赏和实用价值。枝干遒劲，容易造型，也有丛生多杆品种，适合种植在自然风庭院中。石榴可以作为主景树，在日式风、中式风庭院中使用最为合适。

北美海棠 蔷薇科苹果属落叶乔木

花期：4 月

果期：7—8 月

树高：3 ~ 7 米

光照：喜光

土壤条件：喜疏松肥沃、排水良好的土壤

特征：北美海棠是北方庭院中应用最为广泛的植物，可多季观赏。春天观花，花色繁多，夏季观果，果实量大，果实能挂一整个冬天，部分品种果实在秋季转为红色，成为冬季观赏点，和雪景搭配甚佳。种植设计中可孤植也可群植。北美海棠的株形饱满，枝干线条优美，适合在自然风、欧式风、现代风庭院中使用。

灌木

紫薇 千屈菜科紫薇属落叶乔木或灌木

花期：6—9 月

果期：9—12 月

树高：2 ~7 米

光照：喜光

土壤条件：喜深厚肥沃的沙质土

特征：紫薇又称“百日红”，以花期长著称，在盛夏盛开，是夏季庭院的主打植物，花色有白色、粉色、玫红色、紫红色。紫薇有单杆和丛生之分，丛生状态的紫薇适合自然风庭院，单杆的适合欧式风、现代风庭院。

绿萼梅 蔷薇科杏属落叶乔木

花期：2—3 月

果期：5—6 月

树高：3 ~ 10 米

光照：喜光

土壤条件：喜湿润而富含腐殖质的沙质壤土

特征：绿萼梅俗称“绿梅”，花萼为绿色，花为白色，花色清雅脱俗，是梅花品系中的上等品种。绿萼梅树形独特，极具造型感，因此常作为主景树孤植在庭院中。日式风、中式风庭院中常使用绿萼梅与景石进行搭配。

灌木

蜡梅 蜡梅科蜡梅属落叶灌木

花期：11—翌年 3 月

果期：4—11 月

株高：2 ~4 米

光照：喜光

土壤条件：喜疏松、排水良好的微酸性沙质壤土

特征：蜡梅在寒冷的冬天绽放，花开时沁人心脾，是冬季最佳的观赏植物。蜡梅可种植在庭院远处，幽香从远处飘来，撩人心弦，还会引起人的好奇心，想要寻找香味的源头。蜡梅种植时需要和其他灌木搭配，适合自然风、日式风、中式风庭院。

菱叶绣线菊 蔷薇科绣线菊属落叶灌木

花期：5—6 月

果期：8—9 月

株高：0.5~ 2 米

光照：喜光、稍耐阴

土壤条件：喜疏松、排水良好的沙质壤土

特征：菱叶绣线菊叶形独特，枝条柔软，整株白花，开花时呈瀑布状，可通过修剪控制高度。它是花境种植中优秀的骨架灌木，在与草花植物的搭配时可发挥很好的骨架作用，适合自然风、欧式风和日式风庭院。

山梅花 虎耳草科山梅花属灌木

花期： 5—6 月

果期： 7—8 月

株高： 1 ~3.5 米

光照： 喜光、稍耐阴

土壤条件： 要求不严

特征： 山梅花花色为白色，带清淡微香，花形淡雅。不开花时是花境中的骨架植物，是草花的绿色背景。山梅花适合自然风、欧式风庭院，可以通过修剪控制高度，养护方便。

猬实 忍冬科猬实属落叶灌木

花期： 5—6 月

果期： 8—9 月

株高： 1.5 ~3 米

光照： 喜光

土壤条件： 要求不严

特征： 猬实花色为白粉色，花形淡雅。不开花时是花境中的高层骨架植物，能成为草花的绿色背景。猬实花适合应用在自然风、欧式风庭院的植物搭配中，养护方便，每年需要对其控形，防止生长过于狂野。

风箱果 蔷薇科风箱果属落叶灌木

花期： 6 月

果期： 7—8 月

株高： 0.5 ~1.5 米

光照： 喜光

土壤条件： 喜排水好的土壤

特征： 风箱果叶片特别，有金叶和紫叶之分，开花时花朵成团，煞是可爱。非花期的风箱果是不错的骨架植物，枝条柔软，具有一定垂坠感，可适当修剪控形。自然风、欧式风庭院中常有使用，是良好的观花灌木。

紫珠 马鞭草科紫珠属落叶灌木

花期： 6—7 月

果期： 8—11 月

株高： 1 ~2 米

光照： 喜光

土壤条件： 耐半阴壤土

特征： 紫珠结果时满株紫色的果实，引人注目。非果期时它是良好的绿色背景植物，枝条柔软，具有一定垂坠感，可适当修剪控形。在自然风、日式风庭院中常有使用，是适宜冬季庭院观赏的植物。

布纹吊钟 杜鹃花科吊钟花属落叶灌木

花期： 4—5 月

果期： 5—6 月

株高： 1 ~2 米

光照： 喜半阴

土壤条件： 喜富含腐殖质的土壤

特征： 布纹吊钟株形飘逸舒展，颜色和花形独特，枝条可当作切花插在花瓶中欣赏，具有一定的观赏价值。在庭院中可作为骨架植物进行搭配，也可孤植，适合自然风、日式风庭院。

溲疏 虎耳草科溲疏属落叶灌木

花期： 5—6 月

果期： 10—11 月

株高： 1~ 3 米

光照： 喜光、稍耐阴

土壤条件： 要求不严

特征： 中国原生溲疏花为白色，花形素雅。国外引进的溲疏有粉色矮生品种“雪樱花”，可当作地被植物片植。溲疏近期是花境植物新宠，可代替草花进行搭配，这样既能减少养护工作，也不用考虑倒伏的问题。溲疏可以应用在日式风、自然风、欧式风庭院中。

南天竹 小檗科南天竹属常绿灌木

花期： 3—6 月

果期： 5—11 月

株高： 1~ 3 米

光照： 喜半阴

土壤条件： 要求不严

特征： 南天竹株形飘逸，叶片稀疏，仙气十足。南天竹四季可观，秋季叶片转为红色，果实也转为红色，果实能挂一整个冬天。它适合与景石、小品搭配，在日式风、中式风庭院中使用最为合适，也可作为修剪型植物片植，需要时常修剪控高，发挥其常绿特性。

八角金盘 五加科八角金盘属常绿灌木

花期： 10—11 月

果期： 12—翌年 4 月

株高： 0.5 ~ 5 米

光照： 喜阴

土壤条件： 喜排水良好和湿润的沙质土

特征： 八角金盘是极好的耐阴植物，可种植在林下，既可单株种植，观形观叶，又可片植作为绿色背景。八角金盘株形飘逸，叶片大而规整，是很好的背景骨架植物。它没有风格的限制，可以搭配在日式风庭院中，也可搭配在中式风庭院的景石旁，还能与草花植物搭配成阴生花境应用在自然风、欧式风的庭院中，应用极为广泛。

栀子 茜草科栀子属常绿灌木

花期： 3—11 月

果期： 5—翌年 2 月

株高： 0.3~ 3 米

光照： 喜半阴

土壤条件： 喜酸性土壤

特征： 栀子株形规整自然，能观花观果。花色纯白，有香味，结果后能挂果整个冬季，果实颜色呈黄色或红色，形状独特，惹人注目。栀子可做篱状修剪，能与其他灌木、草花植物搭配，是良好的背景骨架植物。栀子适合自然风、日式风、中式风庭院。

绣球 虎耳草科绣球属灌木

花期： 6—8 月

果期： 9—10 月

株高： 1~ 4 米

光照： 喜半阴

土壤条件： 喜疏松、肥沃和排水良好的沙质土

特征： 绣球品种繁多，花色也繁多，常见的有蓝色、粉色、紫色、白色、绿色等，各品种的习性不同，绣球以观花为主，花大且量多，无花的时候植株规整。绣球抗病性好，基本无病害，养护方便。但绣球喜水，夏季高温时需要对其进行降温遮蔽，防止水分蒸发过快导致植株失水。绣球无风格限制，适宜种植搭配在任意风格的庭院中。

天目琼花 忍冬科荚蒾属落叶灌木

花期： 5—6 月

果期： 9—10 月

株高： 1.5~ 4 米

光照： 喜阳、耐半阴

土壤条件： 要求不严

特征： 天目琼花耐寒性好，可种植在北方庭院中。其叶片独特，株形飘逸，白色花呈聚伞状，惹人喜爱。秋季叶片会变为橙红色，果实也会变为红色，它是冬季观果类植物。天目琼花多作为骨架植物来使用，非花期时是稳定的绿色背景，植株整体规整，不会显得杂乱，可以搭配在自然风、日式风、现代风的庭院中。

牡丹 毛茛科芍药属落叶灌木

花期： 5 月

果期： 6 月

株高： 0.5~ 2 米

光照： 喜阳、耐半阴

土壤条件： 喜排水良好的中性沙壤土

特征： 牡丹花色泽艳丽，富丽堂皇，素有“花中之王”的美誉，花色众多，花开时艳压群芳。牡丹茎干为木质，因此可以与草花植物混合种植，作为草花的支撑骨架。牡丹叶片具有极强的辨识度，无花状态也可作其他植物的绿色背景，可以搭配在自然风、日式风、欧式风庭院中。

草花

石菖蒲 天南星科菖蒲属多年生草本

花期：5—6 月

株高：0.2 ~ 0.3 米

果期：7—8 月

光照：喜阴

土壤条件：要求不严

特征：石菖蒲适合种植在水边，与驳岸石搭配使用，也可与景石搭配。植株整体蓬松、飘逸，可点植搭配，多被应用在中式风、日式风庭院中。

荚果蕨 球子蕨科荚果蕨属多年生草本

果期：7—8 月

株高：0.4 ~ 0.6 米

光照：喜阴

土壤条件：要求不严

特征：荚果蕨耐阴性极强，可种植在背阴处，几乎无病虫害。叶片呈羽毛状，轻柔飘逸。它可与景石、小品搭配使用，也可与花境植物搭配成花境景观，经常被应用于日式风、自然风、现代风庭院中。

荷包牡丹 罂粟科荷包牡丹属多年生草本

花期：4—6 月

株高：0.4 ~ 0.6 米

光照：喜半阴、能耐阴

土壤条件：喜排水良好的肥沃沙壤土

特征：荷包牡丹叶片与牡丹相似，但植株整体比牡丹柔软，花开呈荷包状，连成一串挂在枝头，尤为显眼。夏季过后荷包牡丹地上部分会枯萎，进入休眠状态，因此需要和别的草花进行混种，避免因其休眠期造成的空缺。荷包牡丹是花境搭配中良好的中层植物素材，可搭配在自然风、欧式风庭院中。

细叶芒 乔本科芒属多年生草本

花期：9—10 月

株高：1 ~ 2 米

光照：喜阳

土壤条件：喜排水良好的壤土

特征：细叶芒可耐半阴，夏季梅雨季过后不容易倒伏，叶片纤细，能随风摇摆，营造朦胧感。植物状态稳定，秋冬季抽穗，干枯后还能维持形态保留一整个冬季，可以作为北方庭院中的冬季观赏植物。既可以片植，又可以和自然植物混合搭配，形成花境景观，可应用于自然风、欧式风、现代风庭院中。

虞美人 罂粟科罂粟属一年生草本

花期： 3—5 月

株高： 0.2 ~ 0.5 米

光照： 喜阳

土壤条件： 喜排水良好的壤土

特征： 虞美人花色明亮，花箭高挺，可在花境中脱颖而出，花秆细软，随风摆动。植株低矮，是良好的低层植物素材，适合应用在自然风、欧式风、现代风的庭院植物搭配中。

羽衣草 蔷薇科羽衣草属多年生草本

花期： 7—8 月

株高： 0.1 ~ 0.2 米

光照： 耐半阴

土壤条件： 喜排水良好的壤土

特征： 羽衣草叶片呈斗篷状，遇水能形成水珠，植株低矮，是良好的低层植物素材，适合应用在自然风、欧式风、现代风的庭院植物搭配中。

老鹳草 牻牛儿苗科老鹳草属多年生草本

花期： 6—8 月

株高： 0.3 ~ 0.5 米

光照： 喜阳

土壤条件： 喜疏松肥沃、湿润的壤土

特征： 老鹳草叶片形状特别，花开颜色繁多，植株高度较矮，是比较好的低层植物素材，与大部分植物都能进行混搭，可以应用在自然风、欧式风庭院中。

落新妇 虎耳草科落新妇属多年生草本

花期： 6—7 月

株高： 0.2 ~ 0.6 米

光照： 喜半阴、能耐阴

土壤条件： 喜微酸、中性排水良好的沙质土，耐轻碱土壤

特征： 落新妇叶片整齐，开花时花从叶片中挑出，花箭高挺且高于叶片，可作为花境中层植物使用。花色众多，可根据花境色调来选择花色，适合应用在自然风、欧式风、现代风庭院中。

大吴风草 菊科大吴风草属多年生草本

花期： 8—翌年 3 月

株高： 0.2 ~ 0.7 米

光照： 耐阴

土壤条件： 喜肥沃疏松、排水良好的壤土

特征： 大吴风草是阴生花境中常用的素材。叶片近圆形，十分规整，可以与细碎叶片型植物搭配，形成叶片大小对比。大吴风草可片植也可点植，可与景石搭配，适合应用在中式风、日式风、现代风、欧式风庭院植物配置中。

针叶福禄考 花荵科天蓝绣球属多年生草本

花期： 4—5 月

株高： 0.2 ~ 0.3 米

光照： 喜阳、稍耐阴

土壤条件： 喜肥沃疏松、排水良好的壤土

特征： 植物低矮，可作为地被植物片植，未开花状态下是比较好的地被覆盖物。开花时花量大，花色有蓝紫色、玫红色、粉色等，能形成花海之景。庭院中可少量点植，也适合应用在日式风、现代风、欧式风庭院植物配置中。

大花葱 百合科葱属球根植物

花期： 4—5 月

株高： 0.3 ~ 1.2 米

光照： 喜阳、稍耐阴

土壤条件： 喜肥沃疏松、排水良好的壤土

特征： 大花葱以观花为主，花箭高挺，叶片贴地生长，花头因品种不同会有大小区别，花色众多，最常见的是紫色和白色。大花葱作为中层植物可与观赏草、蕨类、自然感的草花进行搭配，将其叶片部分遮挡，只留花头观赏，适合应用在现代风、欧式风庭院植物配置中。

匍匐筋骨草 唇形科筋骨草属

花期： 4—5 月

株高： 0.1 ~ 0.3 米

光照： 喜半阴、稍耐阴

土壤条件： 喜肥沃疏松、排水良好的壤土

特征： 匍匐筋骨草叶片呈匍匐状，贴地生长，可作为覆盖植物进行片植，花呈紫色，穗状，适合应用在自然风、现代风、欧式风庭院植物配置中。

德国鸢尾 鸢尾科鸢尾属多年生草本

花期： 4—5 月

株高： 0.2 ~ 0.3 米

光照： 喜半阴、能耐阴

土壤条件： 喜肥沃疏松、排水良好的壤土

特征： 德国鸢尾叶片呈线形，株形舒展，花箭高挺，是良好的中层植物素材，可调节花境结构，适合应用在日式风、自然风、现代风、欧式风庭院植物配置中。

矾根 虎耳草科矾根属多年生草本

花期： 4—6 月

株高： 0.3 ~ 0.6 米

光照： 喜半阴、稍耐阴

土壤条件： 喜排水良好、疏松肥沃的沙壤土

特征： 矾根品种众多，叶片颜色、叶形丰富，植株低矮，可作为低层素材进行搭配，适合应用在欧式风、自然风、现代风庭院植物配置中。

拳参 蓼科蓼属多年生草本

花期： 6—7 月

株高： 0.4 ~ 0.8 米

光照： 喜阳、稍耐阴

土壤条件： 喜肥沃疏松、排水良好的壤土

特征： 拳参叶片规整，花箭高挺，花头呈柱状，可在花境中起过渡作用，适合应用在现代风、欧式风庭院植物配置中。

西伯利亚鸢尾 鸢尾科鸢尾属多年生草本

花期： 4—5 月

株高： 0.4 ~ 0.6 米

光照： 喜半阴、稍耐阴

土壤条件： 喜肥沃疏松、排水良好的壤土

特征： 西伯利亚鸢尾叶片呈线形，株形飘逸、松散，花形独特，整体给人以雅致之感，可片植也可点植，也可与其他草花混合种植，适合日式风、自然风、现代风、欧式风庭院。

海石竹 白花丹科海石竹属多年生草本

花期：4—6 月
株高：0.3 ~ 0.5 米
光照：喜阳
土壤条件：喜肥沃疏松、排水良好的沙质土
特征：海石竹是很好的岩石园素材，耐干旱、耐贫瘠，与岩石搭配更加能凸显它的美，适合现代风、自然风、欧式风庭院。

花菱草 罂粟科花菱草属多年生草本

花期：4—8 月
株高：0.2 ~ 0.4 米
光照：喜阳
土壤条件：喜肥沃疏松、排水良好的壤土
特征：花菱草是很好的岩石园素材，耐干旱、耐贫瘠，可与草花混种，花色鲜艳使其凸显于花境之中，适合应用在现代风、自然风、欧式风庭院植物配置中。

朱砂根 紫金牛科紫金牛属多年生草本

花期：5—6 月
果期：10—12 月
株高：1 ~ 2 米
光照：耐阴
土壤条件：要求不严
特征：朱砂根冬季结红果，成串挂满枝头，是冬季庭院的观赏植物之一，以点植的形式来设计，可应用在日式风庭院中。

美国薄荷 唇形科美国薄荷属多年生草本

花期：7 月
株高：0.8 ~ 1.5 米
光照：喜阳
土壤条件：要求不严
特征：美国薄荷花开时呈粉色或红色，花量大，植株高，可应用在花境后层，是夏季观花的良好品种，适合在欧式风、自然风庭院中应用。

铃兰 百合科铃兰属多年生草本

花期： 5—7 月

株高： 0.3 ~ 0.5 米

光照： 喜阴

土壤条件： 喜肥沃疏松、排水良好的壤土

特征： 铃兰花朵小巧，且有香气，可作为新娘手捧花使用，植物萌发力强，随年数更迭单株可萌发为多株，是阴生花境中的低层植物素材，适合欧式风、自然风庭院应用。

玉竹 百合科黄精属多年生草本

花期： 5—6 月

株高： 0.5 ~ 0.7 米

光照： 喜半阴，能耐阴

土壤条件： 要求不严

特征： 玉竹叶片与竹叶相似，花朵垂挂于茎上，小巧雅致，是良好的阴生花境素材，适合欧式风、自然风、日式风庭院。

第七节

小庭院的灯光设计方法

在庭院设计中，大家往往把关注点集中在庭院规划、庭院小品和庭院植物上，庭院照明很容易被忽略。然而，庭院的美不应该仅存在于白天，还应在夜晚展现其别样的魅力。庭院照明不仅能为庭院夜间生活提供安全保障，还能为夜晚时分的庭院增添美感，渲染出浪漫的气息。

灯光照明的 5 种功能

灯光照明的 5 种功能即烘托氛围、引导路线和视线、突显庭院景致、勾勒元素框架，以及节庆装饰，灯光分布设计也是根据这 5 种功能进行的。

烘托

1 大树

庭院中通常会种植 1 ~ 2 棵大树作为主景树，有的庭院主景树已经种植多年，年代久远，彼时的小树已成气候。大树用它繁茂的枝叶支撑起了庭院的景观，是庭院的庇佑伞，为庭院带来了生命的气息。白天它精神抖擞，神采奕奕，是庭院中的焦点；当夜幕降临时，它便消失在夜色中，与黑夜融为一体。因此，灯光设计中需要用射灯将其照亮，温和的灯光照射在大树枝叶上，形成一个温馨的包围空间，让它在夜晚也能受到瞩目。

➡ 用射灯将主景树照亮

2 水景

流动的水为庭院增添了几分灵动，水下的彩色射灯描绘出水流动的痕迹，与水雾一起营造出梦幻的氛围，它们共同构成了黑夜中的视线焦点。可在水池底部设计水下射灯，射灯颜色可变换，从水池底部照射，烘托整个水景氛围。

图片来源：北京壹禾景观园艺有限公司

⬆ 水池底部的射灯，烘托整个水景氛围

图片来源：北京壹禾景观园艺有限公司

⬆ 水景为庭院增添几分灵动

图片来源：北京壹禾景观园艺有限公司

3 庭院出入口

庭院出入口是夜晚活动最为频繁的区域，需要灯光着重照明。可采用壁灯、点状射灯，烘托出家的温馨以及主人热情好客的氛围，也让冰冷厚重的金属门，染上点点暖意。

⬅ 庭院出入口夜景

引导

1 路径

布置在庭院路径旁的地灯能起到引导视线的作用，尤其是狭窄、蜿蜒的小路最为明显。它能拉长空间的景深，勾勒出小路的弧度，柔化路径边界。

图片来源：北京壹禾景观园艺有限公司

图片来源：北京壹禾景观园艺有限公司

⬆ 庭院灯起到引导视线的作用

2 台阶

台阶是夜晚时在庭院通行的安全隐患，在台阶下方装上经济实用的 LED 灯带 ，增加夜间行走时的安全性。

图片来源：植然空间 SO PLANT

➡ 台阶下安装 LED 灯带，可以增加夜间行走时的安全性

突显

1 颜色

庭院内不乏点睛之物，可能是植物，如红枫、火焰卫矛、银红槭，也可能是庭院小品，如铁艺、陶罐、挂画，通过灯光的照射加强其颜色在夜晚的呈现效果，重点刻画点睛之物的美，抓住游览者的眼球。

2 空间

庭院内会有一些特别的空间，如露天剧场、休闲游憩区，这些空间在夜间的使用率较高，这些空间的灯光既能起到引导游览者的作用，又能强调突显空间的存在感。

图片来源：北京壹禾景观园艺有限公司

⬆ 强调庭院中的点睛之处

⬇ 通过灯光凸显空间的存在感

图片来源：北京壹禾景观园艺有限公司

勾勒

1 细节

背光是庭院照明常用的一种手法，可降低周围物体的光强度，在物体的背面布置灯光，产生背光效果，这种效果能勾勒出物体形状，刻画细节。

2 小品

使用灯光或 LED 灯带沿着结构框架布置，勾勒出庭院小品的轮廓。灯光的照射能软化金属、石材等材质给人带来的僵硬感，还能强调小品优美的轮廓线，提升庭院夜间观赏效果。

图片来源：北京壹禾景观园艺有限公司

➡ 采用背光的照明手法勾勒物体形状，刻画细节

图片来源：植然空间 SO PLANT

⬆ 利用灯光强调小品的轮廓线

图片来源：北京壹禾景观园艺有限公司

节庆装饰

逢年过节庭院中需要加入装饰灯光，如霓虹灯、LED 灯串，为庭院增加节日气氛。

1 装饰灌木

将网灯均匀地覆盖在室外灌木丛上，网灯就是将小灯泡布置在编织成网的电源线上，可起到装饰灌木的作用。

2 集中装饰

将装饰灯集中放置在入口处或休闲区，从而达到凸显此区域的目的。这是个省精力且效果好的办法，无需耗费大量精力来布置整个庭院。

3 装饰树木

冬日时分，庭院渐渐安静下来，落叶树只留下光秃秃的枝干，此时可以用灯串来缠绕树干和分枝，突出落叶树的分枝结构，展现不一样的美。

4 照亮盆栽

在没有树木、灌木和入口小路的庭院，可以使用照亮盆栽的方式来点亮庭院。采集一些树枝，将它们放置在装满沙子或者碎石的容器中，利用灯串包裹树枝，再剪一些针叶树枝隐藏瑕疵，这样做出的小小盆栽极具装点效果。

5 搭配雪景

用灯串缠绕树枝，营造繁星点点的感觉，再配合雪景，令整个庭院美不胜收。

6 照亮树屋及房屋

利用灯串勾勒出树屋轮廓，让其成为富有想象力的游戏场所。还可将灯具布置在建筑的屋檐和房顶上，勾勒出建筑的轮廓，让建筑在夜晚散发迷人的光芒。

图片来源：植然空间 SO PLANT

⬆ 节庆时加入装饰灯光，为庭院增加节日气氛

⬇ 用灯光勾勒出建筑轮廓

图片来源：植然空间 SO PLANT

第八节

计划长远的庭院设计

可持续性景观设计是当下比较流行的设计理念，该理念提倡在设计中追求“低碳、环保、生态、绿色”，简而言之就是景观设计要有可预见性和持续性的规划。小面积的庭院也需要可持续性的设计理念，要反对铺张浪费、奢华的设计，要尊重自然规律，提倡生态环保，这样才能让庭院设计保持在一个可持续发展的水平上。那如何做到让小庭院设计具有长期可持续性呢？其实可以从空间、植物、材料三个方面展开。

空间的可持续

在设计之初可以给庭院做一个规划，考虑未来庭院中有哪些区域可能发生变化。比如给儿童准备的沙坑、滑梯、秋千等设施，在孩子长大以后会很少用，因此无需对这块区域进行太过复杂的设计，可考虑简易的固定方式，方便后期改造。如果想保留一些岁月的回忆，也可以不进行拆减式改造，可将沙坑恢复成种植区域，保留区域原轮廓，在周围设计种植区域，重新组合搭配，形成新的庭院焦点。

⬇➡ 设计时考虑到未来的各种可能

图片来源：北京壹禾景观园艺有限公司

⬅ 在后期的使用过程中，可能会对菜地的面积进行增减，因此在初稿设计中此区域的周围最好不要设计太多硬化铺装，以种植区为主，这样在后期的改造中能伸缩自如，自然过渡。如果在设计之初就有很多顾虑，那么空间的边界可以不进行精确设计，采用自然模糊的过渡手法，未来更改时会更方便

植物的可持续

植物的选择应遵循适地适树的原则，尽量选择能在本地生存的植物，这样植物能更好地适应庭院的自然条件，按预期的效果成长。想要更好地达到可持续的效果，庭院内的大小乔木最好能在设计时确定，除了可能会出现的未成活植物，其他都可在计划内。

图片来源：北京壹禾景观园艺有限公司

➡ 有的庭院场地有局限性，完工后无法再种植大型乔木，所以大乔木的种植需要格外谨慎。另外，植物种植还需要预留好合适的生长空间，预判植物未来可能生长的程度，在种植之初就拉开种植间距，这样能防止后期植物互相打架而再次移栽改动的麻烦

图片来源：北京壹禾景观园艺有限公司

⬆ 灌木和草花的调整要有一定的比例范围，设计初期可搭建稳定的植物骨架，预设常换常新的区域，后期可在预设区域内进行合理的更换，保持庭院整体格局和氛围

灌木和草花的寿命没有乔木长，且成活率高，但容易引起审美疲劳，可以隔几年进行更换，这样能让庭院处于动态的变化中，时常有新的气息。

➡ 设计中还可以采用一定比例的一二年生花卉，此类植物可根据时令调整，使得一年四季都有微变化，还可以根据节日、聚会进行装扮，丰富庭院生活

图片来源：植然空间 SO PLANT

材料的可持续

施工中，常常会使用混凝土浇筑基础设施，稳固且牢靠，但对于有不确定性的庭院来说，混凝土就有难以拆除改造的缺点。

尽量少用成品排水沟，可利用自然坡度排水，少用合成材料，尽可能取材于自然。

⬅ 如果庭院中的部分空间设计未来可能会更改，那么铺装可以选择木材、石板、红砖等易拆除的材料，且基础做简，少用混凝土固定

⬆➡ 如果想要庭院保持很好的透水性，那么要少用石材，多用透水砖、砾石、木材等材料，同时减少使用混凝土，可以对废弃的轮胎、石槽、木材等进行再利用，延长废弃材料的寿命，对它们进行艺术化加工

图片来源：植然空间 SO PLANT

图片来源：郭静

第三章 小庭院案例评析

悠然闲适的日式田园风庭院

◆ **庭院面积**：170 m^2　◆ **全案设计**：植然空间 SO PLANT　◆ **设计师**：王萍 赵星

◆ **主要庭院植物**：

红枫、墨竹、柽柳、雪柳、龟甲冬青、银姬小蜡、金叶女贞、黄金槐、蓝莓树、柠檬树、圆锥绣球、无尽夏绣球、迷迭香、狐尾天门冬、大叶吴风草、百子莲、翠云草、蕨类

庭院被建筑三面环绕，整体为日式风，并划分了不同的功能区。前院主要是活动休闲区，侧院是菜圃，满足家庭日常的种菜需求，后院是宠物狗狗的活动区域，也是晾晒区。庭院的三个区域功能划分明确，动线互通，动静结合，生活气息浓郁。

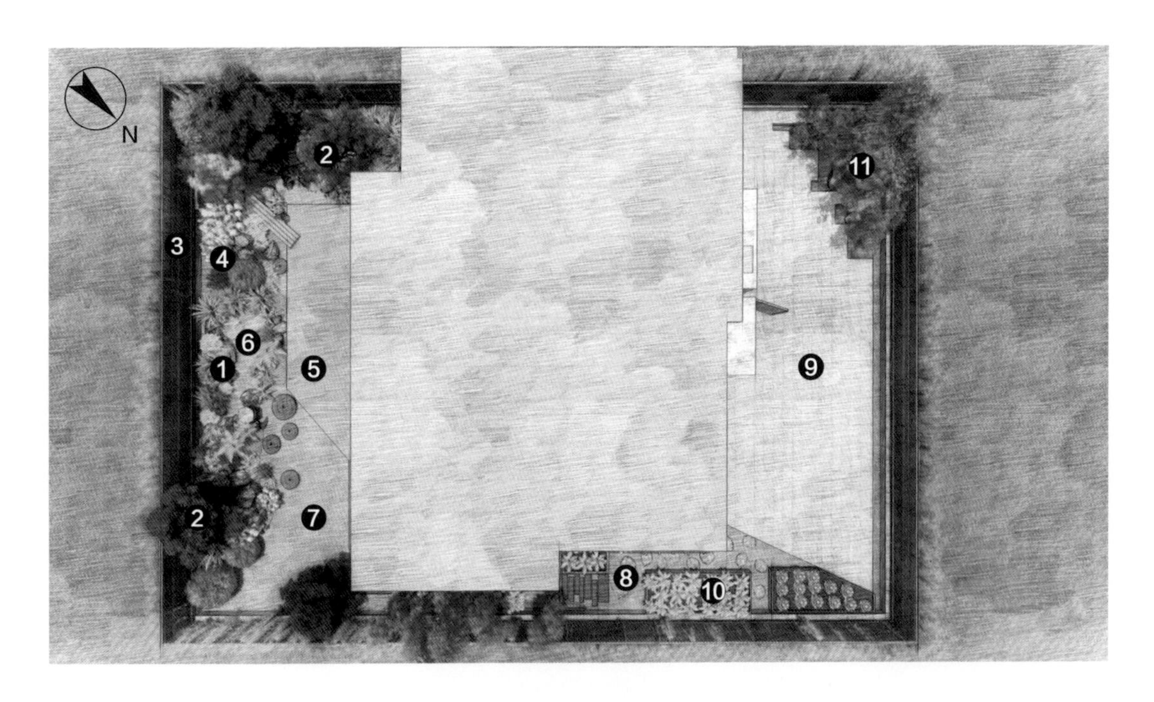

❶ 景观石造景
❷ 植物造景
❸ 竹篱笆围栏
❹ 自然花境
❺ 休闲活动区
❻ 自然式水景
❼ 碎石铺装
❽ 汀步
❾ 休闲平台
❿ 菜圃
⓫ 组团植物

⬆ 后院

⬅ 前院

混搭种植打造日式田园风庭院

如果不想空间太过葱郁，也不想打理难伺候的苔藓，但又喜欢日式庭院的氛围、元素，那么可以尝试混搭种植的方式。

⬇ 保留日式庭院的元素，如竹格栅、绿岛、砂砾、惊鹿、蹲踞，延续日式庭院的布局手法，只在植物的种植上进行部分替换，少种植耐阴的植物。如果有四季观花的需求，可适当加入观花植物，丰富景观

此案例中的前院整体保留了日式庭院的形态，主景树沿用了日式庭院常用的枫树，并对组团搭配中的植物进行了改良和融合，添加了一些稳定的骨架植物，如龟甲冬青、银姬小蜡、金叶女贞，灌木层搭配了雪柳、圆锥绣球，草花选择了迷迭香、狐尾天门冬、百子莲、蕨类，这样的组合并不是经典传统的日式庭院搭配，而是多风格混合式搭配。

⬆ 设计师把握了日式庭院的精髓，保留了自然的整体效果和素雅的色彩。庭院色调基本保持一致，植物搭配以绿色为主基调色，穿插点缀了一些蓝绿色、银色系的植物，开花植物多以白色、蓝色花卉为主，追求叶片和形态的质感

休闲区与种植区形成高度差

日式庭院常常会在建筑四周增设通廊，通廊与建筑相连，可以抬高庭院，通廊处可坐可走，设计师将这一日式庭院的特点运用到此案中。人们可以从相对高一点的位置观赏庭院，俯瞰庭院的绿岛形态，观赏水流的走向，欣赏植物的变化。如此可以实现人与景的分离，保持景观的纯粹性。

⬇ 下雨时，抬高的设置更有利于铺装区的排水，减少因积水过多而漫入建筑的风险。种植区下沉对于日常打理也比较方便，浇水时泥水不会飞溅到铺装区内，替换植物时的泥土也不会落到铺装区

抬高式种植

抬高花池的设计越来越受到城市人的喜爱。抬高式种植可以防止土壤掉落到铺装区上，也可以防止泥水流到外侧。如果想要在庭院中体验农耕的快乐，不妨设计几个“一米菜箱”，规划好每个菜箱种植的蔬菜类型。一般这种菜箱四周都会先兜上一圈无纺布，然后再填土，这样就可以过滤土壤，渗出的水也会比较清澈。

⬇ 抬高式菜箱相比传统菜地更整洁、好打理，对于不能长时间下蹲种地的人群来说，抬高花池的设计也有很大的优势，日常打理相对轻松方便。抬高式种植方式也方便排水，在多雨季节，可以减少植物烂根的风险，有助于蔬菜瓜果的生长

小贴士

抬高的休闲区下方留出2~3 厘米的空隙，让休闲区给人一种架空感，从视觉上缓解侧立面给人的厚重感。

➡ 伸缩遮阳帘能根据天气的变化控制开关，收缩自如，好收纳好隐藏，对于小庭院来说是比较好的遮阳选择，能释放休闲空间

⬆ 黄色系砾石与庭院竹格栅色系统一，与混搭风的自然植物组团搭配和谐

⬅ 翠云草的质感与苔藓类似，可代替苔藓使用，但它的贴地感不如苔藓好，也需要定时修剪以维持整齐感。百子莲、圆锥绣球、迷迭香组合，花色素淡，株形飘逸自然

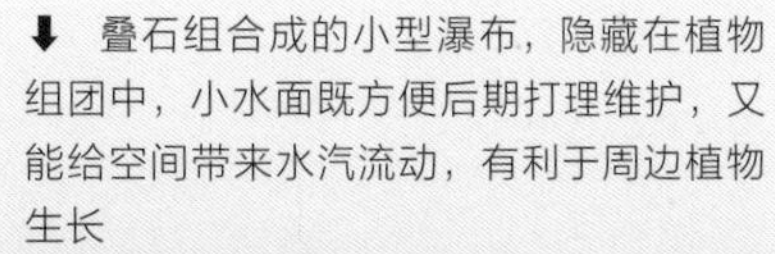

⬇ 叠石组合成的小型瀑布，隐藏在植物组团中，小水面既方便后期打理维护，又能给空间带来水汽流动，有利于周边植物生长

蕨类植物是日式庭院的代表植物，耐阴，种植时要避免太阳直射，否则会产生焦叶甚至死亡，可与景石搭配，栽种在灌木或乔木下。

⬆ 蕨类植物叶片较轻盈，能随风起舞，叶片呈羽毛状。蕨类植物适于生长在阴湿的环境中，多数生长在林下、岩石边和水池旁，在庭院种植时也应与野生自然环境保持一致。蕨类植物可点植也可以混植，是比较百搭的植物

⬅ 侧院的石板汀步与前院相连接，并延续前院的地形种植，在靠墙一侧种植一排墨竹，竹影瑟瑟，别有一番禅味

在都市住宅区建造的混搭庭院

◆ **庭院面积：**80 m²　◆ **全案设计：**植然空间 SO PLANT　◆ **设计师：**丁晶晶　徐聪

◆ **主要庭院植物：**

英式风庭院：圆锥绣球、蛇鞭菊、洋甘菊、醉鱼草、小木槿、狐尾天门冬、茛力花、翠云草等

日式风庭院：石榴、鸡爪槭、羽毛枫、喷雪花、穗花牡荆、龟甲冬青、无花果、结香、金毛狗蕨、翠云草等

混搭风让庭院景观更加丰富

100 平方米不到的小庭院，分布在建筑的南北两侧。庭院整体为自然禅意风，前院为英式田园风，后院为日式风，两者通过植物的搭配和材料的选择衔接风格，两种风格的巧妙混搭是庭院中最为出彩的部分，这样的处理也更加符合现代人的审美。处在庭院中既能享受到日式风的宁静、淡然，又能观赏到植物四季的变化，庭院既充满生气又不失雅致。

➡ 前院为英式田园风庭院

⬇ 后院为日式风庭院

自然元素的运用切合主题风格

设计师在材料选择上极力贴近自然，如石材汀步、木材、碎石、景石等都是自然中的元素，将它们组合在一起既互相协调，又切合自然风的主题，传达出浓浓的自然气息。

➡ 不规则的曲线模仿的是自然界中湖、海、岛的分界线，砂砾代表自然界中的水，设计师通过微缩的方式，将自然之景浓缩在方寸之间

多区域划分打破狭长庭院僵局

庭院呈狭长状，横向展开，进深短，空间不好利用。前院的功能主要为景观展示和通行，无需设置活动空间，由此设计师将前院分为通行平台和植物种植区。

➡ 种植区设计的汀步可供短暂停留，此处以景观观赏为主，弱化前院的使用功能

⬅ 后院是庭院的主要活动空间，需要提供一定面积的活动平台。设计师将窄长形的空间分为三个区域，即小憩区、活动区和观赏区。种植物主要分布在庭院外围，在靠近建筑的区域设置硬质铺装，以满足使用者的日常活动需求，植物在外围三面围合，从室内向外看绿意盎然。三个区域之间高差不同，让小庭院的体验感更为丰富

混搭风植物搭配

前后院的植物品种选择会根据风格有所区分。前院植物层次丰富，色彩跳跃，四季变化明显。植物品种多样，多品种组合形成观赏花境。

汀步小径通向前院深处，蜿蜒曲折，激发游览者的好奇心，使其想要进去一探究竟。小径两侧的草花植物高低搭配，引导游览者向前行进。

⬆ ➡ 圆锥绣球的白色花朵非常亮眼，与蛇鞭菊的紫色花穗互相搭配，整体色彩和谐舒适，成为夏日中的一抹清凉

⬅ 无尽夏绣球在花境中起到骨架的作用，它也是夏季的主要观赏植物。莨力花的花箭在花境中脱颖而出，穗状花序使花境在竖向上有所拔高，丰富花境层次。翠云草填补下层缝隙，如同绿毯一般覆盖在土壤之上

➡ 入户的平台石板与草结合，消除石板给人带来的坚硬感，柔化石板边界，带来自然感。两侧的圆锥绣球、蛇鞭菊互相呼应，增添入户仪式感

多品种的植物搭配让前院层次丰富，景深拉长。彩叶植物的加入使得前院的景观色彩活泼跳跃，但需要控制彩叶植物的使用数量，过多的色彩也会打破整体的平衡。

后院植物搭配以素雅、恬淡为主，植物以绿色为底，多观形植物，如鸡爪槭、羽毛枫、金毛狗蕨，讲求植物的姿态，观赏植物的姿态美，少开花植物，因此季节性变化不明显。

⬇ 中层植物多为小叶植物，充当庭院中的骨架和绿色背景，不作为观赏主景

⬆ 地被草花植物单一，可起到简单过渡的作用

前后院植物整体协调，选择的都是同区域且具有自然感的植物，没有突兀的热带风植物，也没有搭配大面积的彩叶植物。虽然前院植物比较丰富，但还是保持了绿色的基调，且开花植物的花色都是素雅的蓝色、紫色、白色，这样的混搭方式让庭院整体更为和谐。

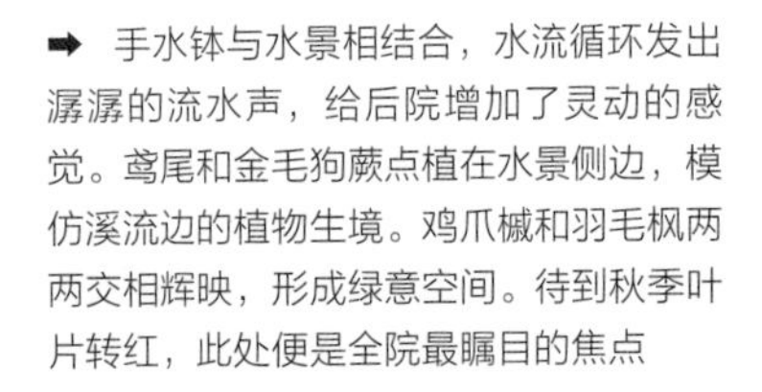

➡ 手水钵与水景相结合，水流循环发出潺潺的流水声，给后院增加了灵动的感觉。鸢尾和金毛狗蕨点植在水景侧边，模仿溪流边的植物生境。鸡爪槭和羽毛枫两两交相辉映，形成绿意空间。待到秋季叶片转红，此处便是全院最瞩目的焦点

日式风的竹格栅三面围合庭院，是庭院的景观背景，能阻挡院外路人的视线，使庭院更具私密性。灌木呈团状，三五组合形成高低起伏的冠线，成为后院的绿色植物背景。远离建筑的院墙处种植乔木嘉宝果，既能遮挡庭院外的不雅景观，又能成为庭院远处的高背景，延展观赏距离，拉长庭院纵深。

➡ 休闲区与室内相连，成为室内的户外客厅，可放置休闲座椅，供全家人活动聚会，也可以放置木凳，让家人享受庭院时光

⬇ 后院高度差明显，休闲平台与室内相连接，东侧日式组景与休闲平台相差一级踏步，西侧小憩平台与休闲平台相差四级踏步，这让三个区域有了高度上的区分。石榴与嘉宝果将西侧空间收拢，打破狭长庭院的枯燥感

⬇ 景观灯深藏在植物组团中，夜晚灯打开时，发出幽幽光线照亮周围。此区域并不是主要观赏区，无需太过渲染，一盏若隐若现的灯最为合适

⬅ 如果不想打理苔藓，可以选择用翠云草来代替苔藓。翠云草的种植效果与苔藓相似，适合不太擅长园艺的新手，后期需要定时修剪防止蔓延到碎石上

➡ 无花果的叶形特殊，枝干分明，株形饱满，自然感强，可在日式庭院中使用

借景于山的老房子办公庭院

◆ **庭院面积：** 100 m²　◆ **全案设计：** 植然空间 SO PLANT

◆ **主要庭院植物：**

黄金槐、百子莲、松果菊、圆锥绣球、竹子、枫树、龟甲冬青、紫娇花、南天竹、喷雪花、翠云草

庭院位于乐山景区内，是一处办公场所。建筑保持着老房子的木结构，庭院位于建筑南侧，三面围墙围合形成传统院落。业主的预算有限，喜好日式风，在此情况下设计师对庭院展开了设计。

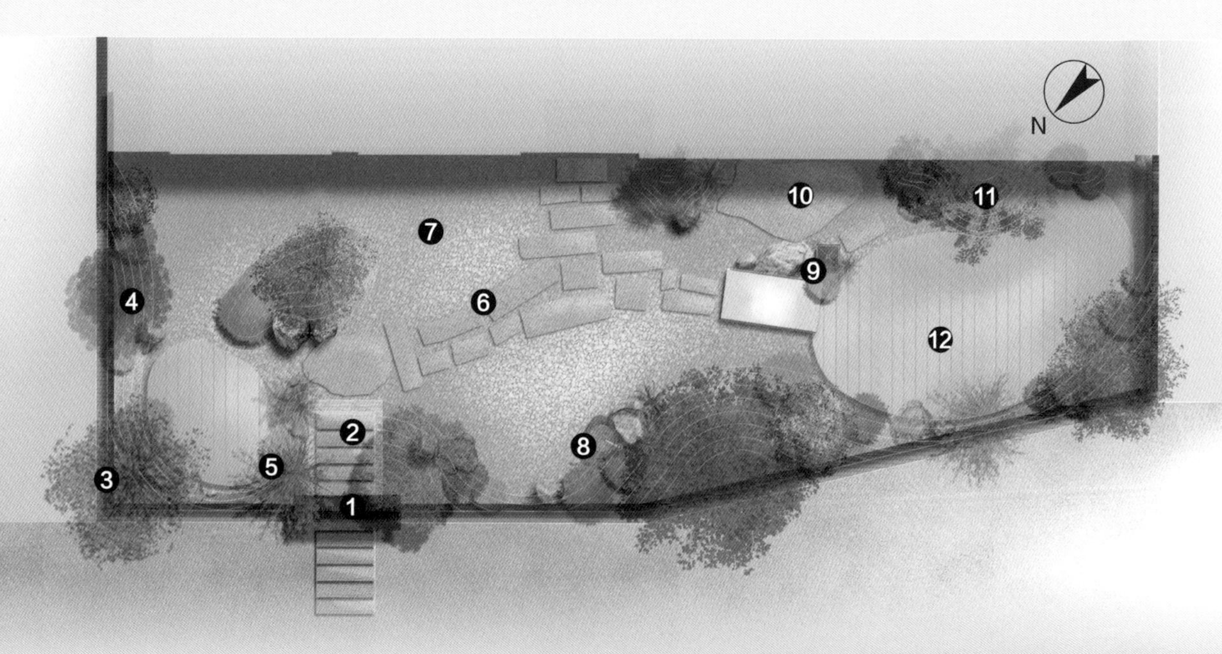

❶ 入户庭院门
❷ 入户铺装
❸ 植物造景
❹ 组团造景
❺ 自然花境
❻ 汀步
❼ 碎石铺装
❽ 日式水景
❾ 石灯笼造景
❿ 休闲活动区
⓫ 植物群落
⓬ 休闲木平台

⬆⬅ 庭院内原有的两棵常绿树，撑起了庭院的高层骨架。院外绿树成荫，成为庭院良好的自然背景，因此庭院内的景观布置可从简而设

老物件的运用带来质朴气息

业主喜好日式风，周围环境和建筑又都传达出一种古意，因此老物件与这个庭院的风格最为契合。老石板、老石磨、老石槽、具有岁月洗礼感的景石、做旧的石桥和石灯，这些都有着被岁月冲刷过的厚重感，将它们组合在庭院中，庭院的氛围也古旧了起来。

⬆⬇ 老石板、老石磨可以作为汀步使用，老石槽经改装后可以成为庭院中的意趣水景，石桥、石灯也是庭院里的观赏重点，景石与植物组合象征着河流驳岸中的溪石

小贴士

老物件的选择也有讲究，需要注意尺度，根据庭院情况量体裁衣，太过夸张的体量在庭院中会显得突兀。

巧用借景打造庭院景观

此庭院外是自然景区，自然植被丰富，绿树成荫，设计师注意到了这点，在设计中有意识地将院外的植物景观借到庭院之中。设计师降低了庭院内植物的高度，以院内现有大树为高层植物，少量配置中层植物，以组合的形式形成起伏冠线，地被植物作简，只在关键的区域点植观花植物，调节四季的观赏性。

↑➡ 庭院内无中高层植物遮挡，能一眼望到院外的景色，院外之景便自然而然地进入庭院之中。坐在院中，视线可以延伸到无限远，某种程度上扩大了庭院的边界

打造低成本庭院的窍门

如果想要降低成本，就要减小硬质铺装面积。庭院中铺设了大面积的砾石，砾石无需基础，只需在夯实素土后铺设隔草布，覆盖 3~5 厘米厚即可，砾石可用于道路铺装，也可用于休闲区铺装，是性价比较高的材料。

⬅ 砾石取于自然，是自然风庭院中很受欢迎的铺装材料。另外，减少植物种植量也是一种比较好的降低成本的方式。选择小规格的本土植物，既能很好地保证成活率，又能减少开支

自然色调呈现田园效果

庭院采用暖黄色色调，与建筑保持统一。庭院中的老石板、老石槽、木铺装、景石都选取了同一色调，各元素能很好地融合在一起，不显得突兀。

⬆➡ 从门口向内观望，能望到庭院一隅。石灯最为瞩目，与百子莲、黄金槐一同形成景观组合

拉开老式木门，拾级而上，修葺一新的老房子，黄褐色的墙体与木材传达出浓浓的拙朴之气。庭院围墙依稀可见旧时的砖墙基础，雨水冲刷的印记残留在围墙上，似乎在告诉到访者它的沧桑。

⬆⬇ 老石板与老石磨组合成庭院小径，石板长度不一，交错铺设，形成通道。“大树底下好乘凉”，抬高木平台作为院中的休憩平台，在平台处落座可以看到院外的风景，院内三面植物环绕，有景可观

⬇ 景观环绕木平台，以鸡爪槭为主景树，搭配景石、灌木球。围墙旁的一片竹林既能遮掩邻居家的建筑，又是庭院的绿色背景。院外的景色从缝隙中透进院内，与院内的植物景观融为一体

➡ 淘来的古石槽被重新利用起来，与竹流水组合成庭院水景，潺潺流水给庭院带来灵动与生机。石灯放置于一旁，可作为夜晚的灯光照明

⬇ 汀步通向四个方向，一条通向建筑，一条行至水景旁，一条通往开阔处的休闲区。大面积的砾石铺设起到了留白的作用，景石放置在砾石之上，给人留下无限遐想空间

⬆ 屋檐下的木平台，可席地而坐，在此可与二三友人聊天、品茶、赏景

⬇ 圆锥绣球与黄金槐搭配，素雅中带着明亮

龟甲冬青、喷雪花、圆锥绣球成组搭配，翠云草打底以覆盖土壤，整体植物高度都保持在围墙之下，部分植物高过围墙的目的是使院内观者能看到院外的自然景观，从而达到借景的效果。

⬆ 百子莲

⬇ 观花植物的颜色均选择素淡的颜色，如淡蓝色的百子莲、白米色的松果菊、白色的圆锥绣球

⬆ 松果菊

⬅ 圆锥绣球

种植爱好者的英式自然风庭院

◆ **庭院面积：** 70 m^2　◆ **全案设计：** 北京壹禾景观园艺有限公司　◆ **设计师：** 李国栋

◆ **主要庭院植物：**

鸡爪槭、欧洲雪球、蓝粉云杉、花叶锦带、圆锥造型黄杨、圆锥绣球、小叶黄杨球、无尽夏绣球、安娜贝尔绣球、剑麻、荚果蕨、金边麦冬、矾根、蒲棒菊、鼠尾草、百合、德景天、蓝羊茅、德国鸢尾、棉毛水苏、蛇鞭菊、匍匐筋骨草

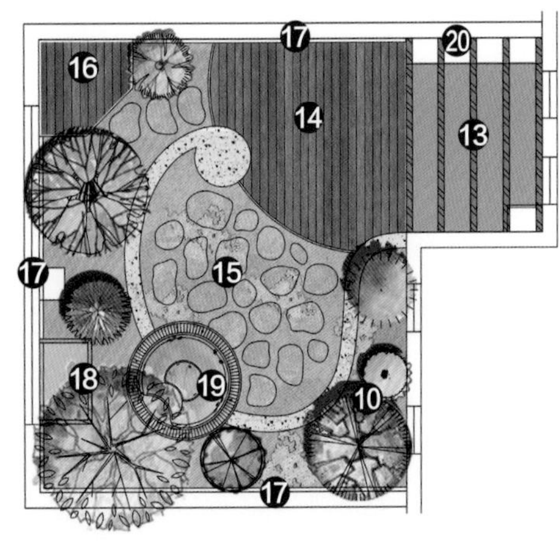

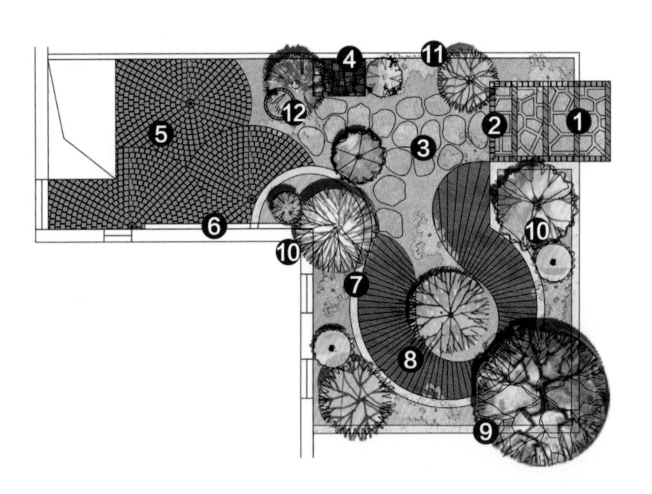

❶ 花园拱门
❷ 入户铺装
❸ 板岩小径
❹ 花园工具房
❺ 扇形铺装
❻ 爬藤格栅
❼ 弧形砌筑花池
❽ 弧形木制小径
❾ 花园围栏
❿ 自然花境
⓫ 木制围栏
⓬ 自循环小水景
⓭ 简约木廊
⓮ 休闲活动区
⓯ 板岩及地被植物
⓰ 工具房
⓱ 围墙木包
⓲ 空调外饰
⓳ 温泉泡池
⓴ 工具柜操作台

英式自然风庭院唯美的色彩

英式庭院不会只局限于一种色彩，通常是多种色彩的叠加。色彩可以体现在木饰品上，也可以体现在铺装上，更多的是体现在种植花卉的色彩上，通过多种色彩的搭配最终呈现想要的景观画面。

小贴士

英式自然风庭院整体色调是浪漫美好的，颜色丰富，犹如莫奈的画作一般生动美好。色彩可以很跳跃，也可以在同色系中变化，搭配时注意色彩的比例，以便让整体画面达到和谐。

⬆ 木作围栏、拱架都是庭院背景，选择的是冷色调的灰绿色，这样能更好地衬托庭院内的其他小品和植物。抬高的种植池使用的是淡黄色，颜色淡且不突兀，显得种植池轻盈而不厚重。植物搭配多选择的是蓝紫色系，与种植池的淡黄色形成色彩对比，反衬出植物的美

⬇ 地面铺装选择了复古砖、木铺和黄色系的石板汀步，整体保持暖色调，这样的组合搭配看起来舒服、统一，也达到了铺装颜色越往上颜色越浅的视觉效果

➡ 铺装材料选用了具有自然感的复古砖、木材、石板。复古砖的边角经过机器的滚磨，不似普通砖那般直棱直角，更有岁月洗礼的感觉，因此也更加贴近自然的状态

⬅ 小型工具房采用木材制作，房顶上铺设了油毡瓦，可防止雨水下渗，造型可变，色彩可控，也是院中一道亮丽的风景线。木材可塑性强，颜色多样，占地面积小，是庭院小品中常用的材料

拱门增添入户仪式感

通过拱门进入到庭院内，石板汀步形成的曲折蜿蜒小径通向建筑出入口。入户拱门有一定的门廊效果，入户后通过拱廊才能进入到庭院主体。

拱架和庭院门形成圆形框景。鸡爪槭半遮半掩地阻隔了庭院外与建筑内的视线交流，保证了庭院的私密性。前景中的百合、鼠尾草、德国鸢尾的组合给人以梦幻美好之感。

⬆ 拱架可攀爬月季，月季经过 2~3 年的生长后，就能爬满整个拱架，成为标志性的庭院门。从休闲区回望庭院，拱门确是庭院中不可或缺的远处景观

抬高花境种植

花境组合种植在抬高的花池内，一方面能与地面种植的花境形成高度差，人为地增加植物层次。庭院面积小种植面积有限，无法形成大幅度种植高差的，可通过抬高花池的设计来解决这一问题。另一方面抬高种植花池也更有利于植物生长，方便后期的打理和维护。宿根植物大多喜欢在排水性好的土壤中生长，抬高花池有利于积水排放，能让花池内的植物更好地生长。

← 抬高花境

自然式种植

自然式种植就是模仿植物在自然环境的生长方式，通过高低搭配，以观赏为目的来进行植物的组合，植物能根据四季的变化不间断地交错开花，呈现四时之景。英式花境便依照这样的种植原理，选用多种植物，以色彩为主题来搭配，或按植物类别来搭配。

⬆ 因为庭院面积不大，主题分类不明显，花池内植物基本是以蓝紫色色调为主基调来配置的，以欧洲雪球、蓝粉云杉、无尽夏绣球为主体植物，搭配百合、鼠尾草“卡拉多纳”、德国鸢尾、金边麦冬、蛇鞭菊、蒲棒菊、安娜贝尔绣球，并穿插一些白色和黄色植物来提亮

⬅⬆ 石板汀步通向拱门，汀步两侧自然式花境高低错落，交相辉映

阴生花境中以鸡爪槭为主景树并将其作为上层林木，林下均种植耐阴植物，如荚果蕨、金边麦冬、匍匐筋骨草、矾根、德国鸢尾。矾根和金边麦冬用来活跃色彩，其他植物均以绿色为主基调。

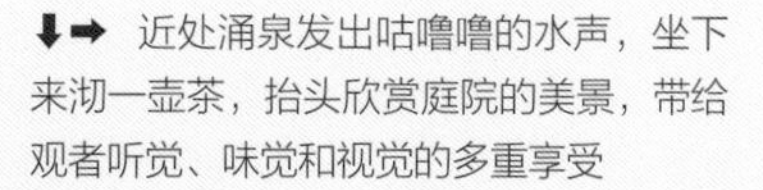

⬇➡ 近处涌泉发出咕噜噜的水声，坐下来沏一壶茶，抬头欣赏庭院的美景，带给观者听觉、味觉和视觉的多重享受

⬅ 白色植物在花境中往往用来提亮色彩或者是中和色彩，因白色的特殊性，其既能中和丰富的色彩，使整体色彩平和，又能提亮暗沉的色彩，是最为百搭的颜色。庭院中的安娜贝尔绣球和百合便是花境中的调色植物

➡ 夏季是属于绣球的季节，不同品种的绣球在夏季开得花团锦簇、美不胜收

⬆ 鼠尾草是比较好的低层打底植物，种植它需要掌握修剪要领，以防夏季雨水过多带来倒伏。春季开花后若能及时修剪、追肥，夏季的时候还能再次开花

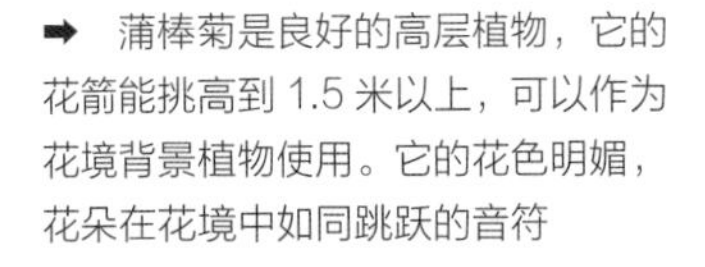

➡ 蒲棒菊是良好的高层植物，它的花箭能挑高到 1.5 米以上，可以作为花境背景植物使用。它的花色明媚，花朵在花境中如同跳跃的音符

三代人同享的现代庭院

◆ **庭院面积：**172 m^2　　◆ **设计师：**郭静

◆ **主要庭院植物：**

厚皮香、丛生紫薇、伞形脆皮金橘、冬青球、穗花牡荆、菲油果、欧洲木绣球“玫瑰”、圆锥绣球“香草草莓棒棒糖”、小叶女贞“柠檬之光”多头造型、安酷杜鹃、茶梅“乙女”、绣线菊“黄金喷泉”、烟树“可爱女士”、玉兰“黑色郁金香”、细叶画眉草、艾弗里斯特苔草、墨西哥鼠尾草、熊猫堇、大花绣球、小丑火棘、狐尾天门冬、日本绣线菊、玉簪“首霜”、紫韵钓钟柳、柳叶马鞭草、肾蕨、姬十二单筋骨草、金丝桃、迷迭香、花叶蔓长春、大叶栀子球、百子莲、水生美人蕉、狐尾藻、旱伞草等

这是一个可供三代人一起使用的庭院，通过设计将庭院划分为户外会客区、就餐区、儿童区和种菜体验区。不同年龄层的人都能在庭院中找到属于自己的一方小天地。

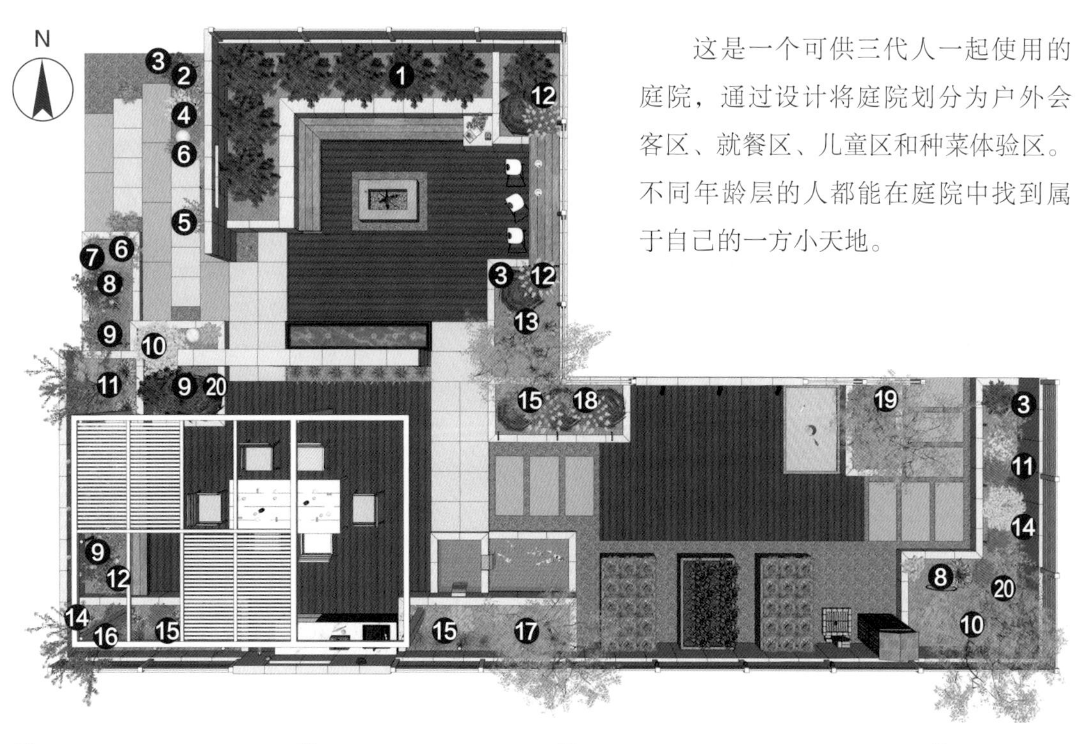

❶ 厚皮香　❷ 玉兰“黑色郁金香”　❸ 冬青球　❹ 肾蕨　❺ 欧洲木绣球“玫瑰”

❻ 姬十二单筋骨草　❼ 日本绣线菊　❽ 安酷杜鹃　❾ 大花绣球　❿ 金丝桃

⓫ 日本绣线菊　⓬ 圆锥绣球“香草草莓棒棒糖”　⓭ 伞形脆皮金橘　⓮ 墨西哥鼠尾草　⓯ 细叶画眉草

⓰ 迷迭香　⓱ 花叶蔓长春　⓲ 大叶栀子球　⓳ 狐尾天门冬　⓴ 玉簪“首霜”

统一色调凸显花园气氛

庭院中整体采用了灰色和白色两种颜色，具体体现在围墙、菜箱、花池以及廊架上。白色和灰色穿插运用，大致呈现 4 ： 6 的比例。

➡ 如果只是单一的灰色，庭院看起来会比较呆板，因此设计师对灰色做出了变化，围墙采用了浅灰色，菜箱用了中度灰色，黑板用了深灰色，这样三种灰度的色彩运用，让庭院在视觉上有了色彩的递进和明度的对比，从而有了主次之分

⬇ 白、灰两色给人以冷淡之感，为了打破冷清的氛围，设计师使用了木铺装。木材的暖色调可以对灰、白两色进行中和，使得庭院的温馨感油然而生。庭院设计中，贴近人使用的区域可选择暖色调，远离人的区域，如围墙可选择冷色调，这样不仅可以从空间视觉上拉长庭院进深，而且在使用上也更加贴近生活习惯

白色既可当作跳色来提亮庭院，又可当作百搭色来充当庭院的背景色，两者的区别在于所用颜色的比例。灰色也是比较好的百搭色，但需要注意灰色的浓度，深灰、中灰、浅灰所呈现的效果不同，若互相搭配也需讲究比例。灰色与植物搭配在一起时，就如同背景板一般，可将前侧的植物突显出来，形成色彩反差，完美展现植物的美。木色是自然色彩，在冷色调的庭院中，它可以作为色彩调和剂来调节整体的冷暖度。

多变式设计让生活有更多可能性

这个庭院的一大特别之处是设计更多地考虑了生活的多变性。很多业主想要在冬天烤火炉，春、秋两季吃烧烤，但两者活动设备的使用时间并不长，不仅利用率不高，收纳起来也令人烦恼。但本案的设计师巧妙地将茶几、烤火炉、烧烤架三合一，这样就可以根据季节的变换和业主的需求随时进行功能转换，无需再纠结取舍和收纳的问题了。

⬆➡ 会客区可供多人落座，中央的火盆集三种功能于一体，可作为茶几使用，也可作为烤火炉和烧烤架，只需更换盖子便能实现多种功能切换，对于需求较多的业主来说这是比较好的选择

⬅⬇ 就餐区配备了操作台、廊架、户外餐桌。当家庭小聚时可在户外清洗食物，无需再向室内传递。设计师在操作台上特意设计了户外插座，方便使用电磁炉、烧水炉等电子产品，给予户外生活多种可能。操作台备板上方的镂空空间可以放置装饰品，增添生活趣味

三种形式的水景给庭院带来灵动感

设计师在庭院中设计了三处水景，一处是入口景墙处的线状瀑布，与景墙结合，成为迎宾景观，此种水景水声较大，如同自然界中从山顶一泻而下的瀑布。

➡ 入口线状瀑布

一处位于就餐区后方，水与磨砂玻璃结合，水以水幕的形态流淌在磨砂玻璃前，最后流入下方水池中，水池内涌泉涌动，动感十足。此处水景在儿童活动区、种菜区及就餐区都能望到，有一定的水域面积，家人们还可以在水池中养水生植物和动物，增添生活情趣。

最后一处位于就餐区前方，水景与花池结合，形成两级跌水，由于水的落差小，水流声如同溪流一般潺潺。

⬆ 水景与溪流结合

专属儿童活动区满足孩子日常游嬉需要

设计师为孩子们设计了流水鱼池、黑板墙、沙坑、工具房，可以满足多个孩子的日常游嬉。他们可以亲水、捞鱼、挖沙、黑板作画，也可以和大人们一起互动。儿童活动区与休闲区相邻，大人们可时刻观察孩子的举动。

⬆ 儿童活动区与种菜区相对而设，孩子们可以在这里体验劳作、绘画、玩沙。他们可以和三五朋友一起玩耍，度过美好的春秋时光。当孩子长大后，沙坑后期可以改成种植区，实现可持续发展

遮阳廊亭成为家庭休闲之地

金属廊亭既是家庭聚会休闲之所，又是庭院的一大观赏亮点。廊亭整体采用的是钢结构，白色让整个庭亭显得轻盈、富有现代感。

➡ 以此为骨架，业主可在廊亭上增加玻璃顶和遮阳帘，这样便有“躲进小楼成一统，管他冬夏与春秋”的隐逸感。若再添置一款吊扇灯，可作为廊亭中具有生活气息的饰品，在初夏天气有些微热时，吊扇扬起凉风，夹杂着庭院中的花香，好不惬意

“一米菜地”满足家庭种菜体验

能拥有自家菜地是一件幸福的事，菜地无需太大，1 米见方的小格，三个并排，便能满足全家需求。

老人和孩子都喜欢种菜，一起观察菜的生长情况，获得丰收的喜悦。如果不想种菜也可以当作植物培养地，种植时令花卉，根据节日来布置，也是不错的庭院装饰。

➡ 设计师将种菜区的菜畦抬高，形成 1 米见方的种植菜箱，这样既能方便老人劳作，也能将种植区变得规整。除此之外，设计师还配备了工具房和洗手池，这样能方便工具的收纳和劳作后的清洗

简约自然式种植

简约种植是指对植物的层次进行简化处理，无需处处都追求乔灌草的多层次搭配，可直接使用乔灌、灌草、乔草这样的两层搭配，不仅方便打理，还能缓解视觉疲劳。恰到好处的点植能尽显植物本身的姿态美。

⬅ 入口处的景墙与水景结合，前侧植物的掩映可柔化景墙线条。景墙也是入口处的一道屏风，具有欲扬先抑的效果，绕过景墙后庭院豁然开朗。球形灯具在白天可作为装饰物，晚上亮起后可作为庭院氛围灯

➡ 可以看出植物种植采用的是简约自然风，植物品种不多，以厚皮香为骨架撑起庭院植物的上层。因庭院外有大树作为背景，庭院内无需种植高大的乔木，可通过借景来构成植物层次。厚皮香、丛生紫薇、伞形脆皮金橘、穗花牡荆是庭院的高层骨架，冬青球、大叶栀子球、金丝桃作为灌木骨架，与厚皮香等形成高差对比

⬇ 至于穗花牡荆下方，设计师选择了具有自然感的观赏草，如大花绣球、墨西哥鼠尾草、柳叶马鞭草、百子莲等蓝紫色系的草花，通过植物柔美的质感和线条来打破现代庭院的硬朗感，也从色彩上丰富了庭院的视觉效果，带来浪漫的气息，业主可以从中感受到四季的变化

➡ 抬高的花池将会客区围合起来，使会客区具有一定的私密感，塔状厚皮香列植，秩序井然，成为常绿绿色屏障。吧台倚靠着围墙设置，此处高差起伏丰富，有机地将功能与种植物融合在一起

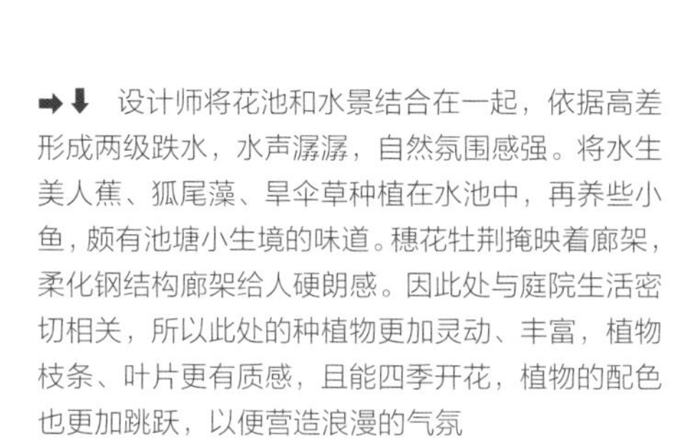

➡⬇ 设计师将花池和水景结合在一起，依据高差形成两级跌水，水声潺潺，自然氛围感强。将水生美人蕉、狐尾藻、旱伞草种植在水池中，再养些小鱼，颇有池塘小生境的味道。穗花牡荆掩映着廊架，柔化钢结构廊架给人硬朗感。因此处与庭院生活密切相关，所以此处的种植物更加灵动、丰富，植物枝条、叶片更有质感，且能四季开花，植物的配色也更加跳跃，以便营造浪漫的气氛

简约明朗的现代风庭院

◆ **庭院面积：** 128 m^2 ◆ **全案设计：** boll 是园 ◆ **设计师：** 圆正、徐浩然

◆ **主要庭院植物：**

油橄榄、造型杜鹃、小叶女贞、北海道黄杨、雀舌黄杨、菱叶绣线菊、大花飞燕草、银边麦冬、林荫鼠尾草、红毛鳞盖蕨、常绿鸢尾、风车茉莉、络石、苔藓

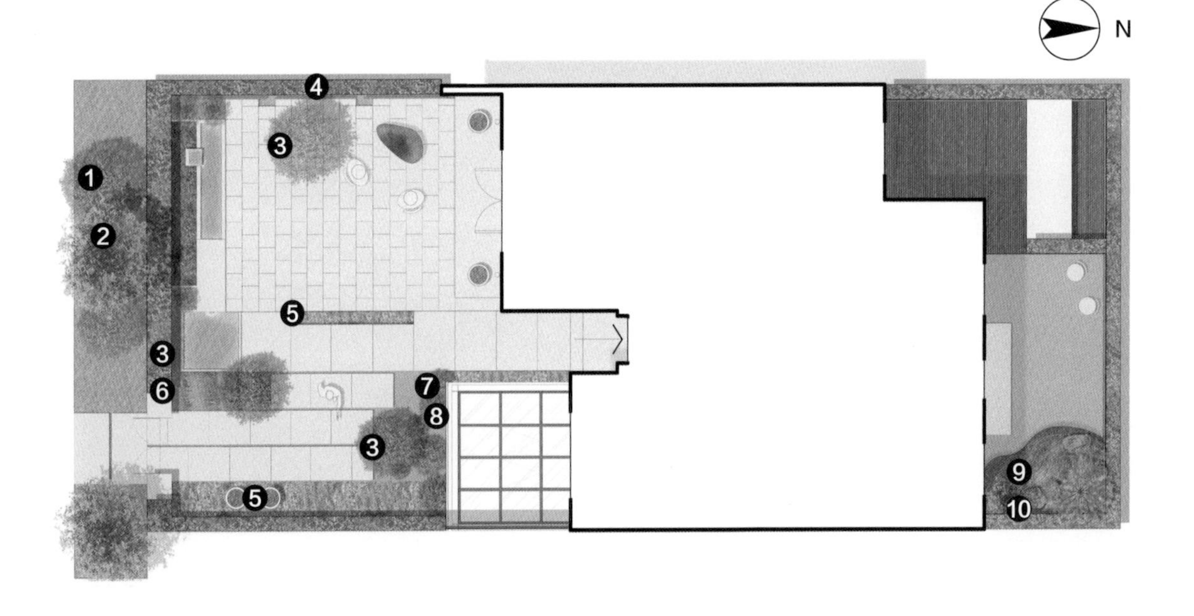

❶ 菱叶绣线菊
❷ 大花飞燕草
❸ 油橄榄
❹ 络石
❺ 银边麦冬
❻ 林荫鼠尾草
❼ 雀舌黄杨
❽ 常绿鸢尾
❾ 红毛鳞盖蕨
❿ 造型杜鹃

现代风设计空间简洁明了

庭院的布局简洁明了，通过规则式几何穿插实现庭院功能划分。主庭在横向上划分为两个部分，即迎客玄关区和聚会休闲区。种植区域设置在靠近围墙的区域，作为庭院的绿色背景，延伸庭院景深，模糊庭院的边界。种植区也按规则几何设计，与铺装、水景穿插，相互映衬，有机地融合在一起。规则几何的设计语言被反复运用在该庭院设计中，规则式的布局让空间更加简洁明了，庭院之景一眼便能尽收眼底，不累赘，符合现代生活需求。

➡ 进入庭院后穿过交错的油橄榄，便可看到开阔的休闲区。水景的流水声萦绕在耳边，其实，瀑布隐藏在林荫鼠尾草后方，如山泉一般待人发现

简约种植设计实现懒人式管理

从平面图可以看到庭院的种植面积小，建议种植区与铺装区面积比例最好为 2 ： 8，这也是现代风庭院中比较常见的比例分配，增加硬质铺装的面积，压缩种植面积，也利于日常打理。庭院中仅有三棵大树，均是油橄榄。油橄榄姿态飘逸、冠形饱满，其中两棵相对种植，另外一棵以孤植的形式种植于休闲区，成为观赏主景树。设计师以油橄榄为庭院上层骨架，缓解大面积铺装带来的硬朗感，也通过植物的对植来完成空间过渡，起到欲扬先抑的作用。

从休闲区回望入户迎客区，油橄榄相对种植，下方满种林荫鼠尾草和常绿鸢尾，以单一的种植方式形成序列感，强调迎宾的仪式感

铺装中缝引导视线落在庭院内的油橄榄上，银边麦冬和北海道黄杨的列植形成仪式感，给人以开阔的迎客氛围

列植的北海道黄杨，成为庭院绿色背景。北海道黄杨是比较好的绿篱品种，四季常绿、耐修剪，植株挺拔，可作为绿篱墙来分割空间

⬇ 休闲区采用抬高式的做法，让庭院更加富有变化，高差上的起伏处理，能拉开水景落差，打破规整户型的平淡感。在北海道黄杨绿篱的映衬下，前景和中景植物都分外清晰，充分展现出油橄榄的姿态美。银边麦冬采用条状种植方式，其叶片特有的颜色使得庭院色彩更加灵动、活跃

简约种植对植物的品种数量会有所控制，也会更加注重植物的选择，以少而精的方式来展现植物组合和植物单体的美。种植时可单一重复某种植物来形成阵列感，加强现代气息，也可用 3 ~ 5 种植物组合形成花境。这样的设计既能使庭院拥有四季变化之美，又方便后期打理，可实现懒人式的庭院管理。

⬆ 风车茉莉如同从墙缝中生长而出，慢慢蔓延到围墙之上。留白之余偶有几条绿色的藤蔓，构成一幅自然美图

⬆ 后院朝北，阳光不足，适合种植耐阴植物，以一棵造型杜鹃为主景，再搭配红毛鳞盖蕨、苔藓营造后院景观

材料选择凸显现代气质

现代风庭院设计中材料的选择至关重要。因为现代风庭院讲求现代几何感，所以对几何的边角及呈现的规则感特别考究。凡是柔软、不硬挺的材料皆不宜使用，唯有能体现线条感、几何感的工艺和材料才是首选。因此具有自然感的石材、木材都不被纳入选择范围，清水混凝土、金属、规则石材更加符合现代气质。

设计师选择了规则石灰石，并以大规格石材铺贴，让空间看起来更具整体性，不局促。水景处采用钢板和石材组合，强化现代感，与后方的植物软景形成感官反差。

➡ 入口处的大门选用了铝镁合金材质，给人以厚重的现代感。围墙处使用木格栅来进行装饰，木格栅既是爬藤植物的攀爬格架，又能作为休闲区的背景，呼应整体庭院氛围。同规格的木格栅再次强调了几何线条，符合现代气质

浅色系放大庭院空间

庭院主庭不到 100 平方米，通过植物的排布与硬质结构的搭配，让整体视觉空间超过 100 平方米，主要原因就是庭院采用了浅色系色调。浅色系相对于暗色系有放大空间的作用，并给人以纯净、简洁之感。铺装材料设计师选择了灰白色调的石灰石，此款石灰石白而不耀眼，饱和度低，散发着暖意，经久耐看，也比较耐脏。植物选择了银色和白色系品种。油橄榄的叶子泛银灰色，在众多植物中非常特别，再搭配白色系的花境，整体协调统一，花境在北海道黄杨的映衬下脱颖而出，其倒影浮动于水纹之上。

⬆ 植物整体以绿色作为基底色，白色小花中点缀紫色系植物，给人以安宁、舒缓的感觉。围墙处的木格栅也是灰白色调，与石材色彩保持一致，这样庭院整体色调统一，空间呈现出简洁、雅致之感，在不经意间放大了视觉空间

狭长水景增加空间灵动感

水元素是庭院中的一大亮点，水景的加入能让空间变得灵动起来。潺潺水声吸引人们走近一探究竟，荡漾水波激发人们亲近自然的兴趣。设计师在水景设计上加入了一些巧思。水景由两级构成，水先从抽象化的雕塑中缓缓倾斜流出，汇入抬高的水池中，再从水池侧边的流水口跌入低层水池。高差的处理，让水景富有层次。水景可两面观，既可在进入庭院时直面看到，又可在落座休闲区后观赏。水景除了可供观赏外，还能作为孩子亲水的游戏场。

⬆ 抽象式的几何图案融入水景设计中，让水景出水更具造型感。创新式的流水形式让人眼前一亮，也让水景更加经久耐看

➡ 开白花的菱叶绣线菊的枝条一部分柔软地垂在水景上方，一部分探入水中，与水纹交织在一起。设计师选择将叶片细腻的红毛鳞盖蕨与大花飞燕草、菱叶绣线菊搭配在一起，可表现叶片色彩的微妙变化及花箭的起伏感，待到盛花期时花便如跳跃的音符般富有韵律

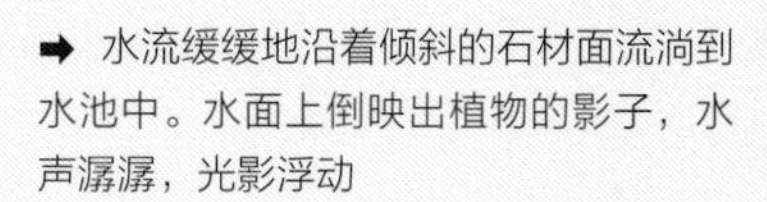

➡ 水流缓缓地沿着倾斜的石材面流淌到水池中。水面上倒映出植物的影子，水声潺潺，光影浮动

图书在版编目（CIP）数据

超实用！小庭院的设计与布置 / 楼嘉斌编. -- 南京:
江苏凤凰美术出版社, 2023.4
ISBN 978-7-5741-0896-7

Ⅰ. ①超… Ⅱ. ①楼… Ⅲ. ①庭院－园林设计 Ⅳ.
①TU986.2

中国国家版本馆CIP数据核字(2023)第058429号

出版统筹 王林军
项目策划 刘立颖
责任编辑 孙剑博
装帧设计 毛欣明
责任校对 韩 冰
责任监印 唐 虎

书　　名 超实用！小庭院的设计与布置
编　　者 楼嘉斌
出版发行 江苏凤凰美术出版社（南京市湖南路1号　邮编：210009）
总 经 销 天津凤凰空间文化传媒有限公司
总经销网址 http://www.ifengspace.cn
印　　刷 雅迪云印（天津）科技有限公司
开　　本 787mm × 1092mm　1/16
印　　张 8.5
版　　次 2023年4月第1版　2023年4月第1次印刷
标准书号 ISBN 978-7-5741-0896-7
定　　价 59.80元

营销部电话　025-68155675　营销部地址　南京市湖南路1号
江苏凤凰美术出版社图书凡印装错误可向承印厂调换